共饮香茶
茶与茶艺

GONGYIN XIANGCHA CHA YU CHAYI

主　编　胡钰凤　黄雪琴

副主编　钭伟华　杜　静

知识产权出版社
全国百佳图书出版单位

图书在版编目（CIP）数据

共饮香茶：茶与茶艺 / 胡钰凤，黄雪琴主编. —北京：知识产权出版社，2019.9
ISBN 978-7-5130-6473-6

Ⅰ．①共…　Ⅱ．①胡…　②黄…　Ⅲ．①茶艺 – 职业教育 – 教材　Ⅳ．① TS971.21

中国版本图书馆 CIP 数据核字（2019）第 206407 号

内容提要

本书按茶之源、丽水茶、茶之器、茶之艺的编排结构，在对绿茶、黄茶、白茶、红茶、乌龙茶（青茶）的产地、特点等详细介绍的基础上，重点介绍了丽水茶情、茶艺、茶人素养。本书特色是：一是全方位优化茶艺实训课程结构；二是着重培养茶艺专业的核心能力；三是融入茶人素养，以茶道引导学生提升文化素养。

本书可作为中职、高职相关专业的教材，也可供茶爱好者参考。

责任编辑：安耀东　　　　　　　　　**责任印制：**孙婷婷

共饮香茶：茶与茶艺
GONGYIN XIANGCHA：CHA YU CHAYI

主编　胡钰凤　黄雪琴　副主编　钭伟华　杜　静

出版发行：知识产权出版社 有限责任公司		网　址：http://www.ipph.cn	
电　话：010-82004826		http://www.laichushu.com	
社　址：北京市海淀区气象路 50 号院		邮　编：100081	
责编电话：010-82000860 转 8534		责编邮箱：anyaodong@cnipr.com	
发行电话：010-82000860 转 8101		发行传真：010-82000893	
印　刷：北京九州迅驰传媒文化有限公司		经　销：各大网上书店、新华书店及相关专业书店	
开　本：720mm×1000mm　1/16		印　张：12.5	
版　次：2019 年 9 月第 1 版		印　次：2019 年 9 月第 1 次印刷	
字　数：204 千字		定　价：42.00 元	

ISBN 978-7-5130-6473-6

前　　言

"世界绿茶看浙江，浙江绿茶丽水香"。被誉为"中国生态第一市"的丽水，四季分明，雨量充沛，层峦叠嶂，海拔 1000 米以上的山峰有 3573 座。云雾高山出好茶，得天独厚的生态环境，孕育出众多名茶；茶艺文化，源远流长，蜚声中外。

作为培养旅游人才基地的丽水中职学校，肩负着服务区域经济发展的重要使命，为此我们积极组织编写了《共饮香茶：茶与茶艺》这本地方校本教材。希望通过该课程的学习，促进学生更全面地理解丽水、热爱丽水、宣传丽水、建设丽水。在本书的编写过程中，我们力求体现以下特色：

第一，突出丽水茶情。

本书从丽水名优茶分析入手，围绕丽水名茶和茶文化本土特色建设，力争全方位优化茶艺实训课程结构。让学生走进丽水茶园，认识丽水名优茶叶，感受具有丽水特色的茶文化。

第二，强化丽水茶艺。

本书以本土茶艺表演职业能力为突破点，着重培养茶艺专业的核心能力。通过对丽水各名优茶文化的研究，编排丽水绿茶茶艺、丽水红茶茶艺、丽水白茶茶艺、丽水黄茶茶艺和丽水乌龙茶茶艺五大模块的丽水名茶的讲解词、茶艺表演等。

第三，融入茶人素养。

本书以茶的品质着手，围绕"以茶养性、以茶润德、以茶怡情"的思路建设茶艺礼仪实训课程。注重茶道对学生思想道德品质引导、仪表仪态训练以及通过对茶与花、茶与香、茶与服、茶与道、茶与禅的学习，全面提升学生的文化素养及品位。

由于编者的水平有限和时间仓促，疏漏之处在所难免，恳请各位专家和广大读者给我们提出宝贵意见和建议（读者意见反馈信箱：lszghyf@163.com），谢谢大家。

编者

2019 年 1 月

目　　录

项目一 走进丽水绿茶

任务一 知绿茶之源

 学习目标

1. 了解绿茶的起源与制作工艺。
2. 熟悉绿茶名品并能进行讲解。

趣闻轶事

朱元璋与绿茶的渊源

据传，绿茶发源于湖北省赤壁市。元朝末年，朱元璋率领农民起义，羊楼洞的茶农也跟随大军奔赴边城。他们在军中见有人饭后腹痛，便将带去的蒲圻绿茶给患者服用，患者服后相继病愈。这件事被朱元璋得知，便记在了心里。当了皇帝后，朱元璋和宰相刘基到蒲圻找寻隐士刘天德，恰遇在此种茶的刘天德长子刘玄一。刘玄一请皇帝赐名。朱元璋见茶叶翠绿，形似松峰，香味俱佳，遂赐名"松峰茶"，又将长有茶叶的高山，命名为松峰山。明洪武二十四年（1391），太祖朱元璋因常饮羊楼松峰茶成习惯，遂诏告天下："罢造龙团，唯采茶芽以进。"

任务描述

小雅是某中职旅游专业的学生，将于下个月毕业。省内某著名茶园来招聘茶艺师兼定点导游，招聘条件中，要求报名者熟悉"绿茶相关知识"。小雅记得以前学过这方面的课程，但还不够深入，你愿意帮助她，和她一起重新学习吗？

任务知识

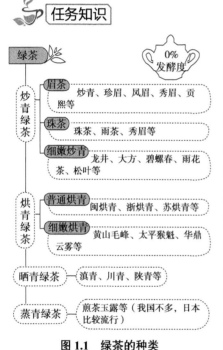

图1.1 绿茶的种类

绿茶属于不发酵茶，是中国茶的主要类型之一。茶叶仅经过杀青保留其绿色外表，然后经过不同制作工艺成型。绿茶比较完整地保留了鲜叶内的天然成分，矿物质丰富，对抗辐射、防衰老、增强抵抗力等均有特殊效果，为其他茶类所不及。中国绿茶茶品多达上千种，造型各异，是最具艺术欣赏价值的茶类。中国生产绿茶的地区极为广泛，河南、贵州、江西、安徽、浙江、江苏、四川、陕西（主要分布于陕南）、湖南、湖北、广西、福建是我国的绿茶主产省份。绿茶的种类见图1.1所示。

一、绿茶的工艺

绿茶的加工，可简单分为杀青、揉捻和干燥三个步骤（见图1.2）。其中的关键在于杀青。杀青是绿茶的形状和品质形成的关键工序。鲜叶通过杀青，酶的活性钝化，内含的各种化学成分，基本上是在没有酶影响的条件下，由热力作用进行物理化学变化，从而形成了绿茶的品质特征。杀青方式有炒青、蒸青、烘青、晒青等。杀青一般遵循"高温杀青、先高后低，老叶嫩杀、嫩叶老杀，抛闷结合、多抛少闷"等原则。

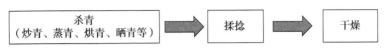

图 1.2　绿茶的工艺

二、绿茶的品质特点

绿茶的品质特征是清汤、绿叶，俗称三绿——干茶绿、茶汤绿、叶底绿。其在内质上要求香气高爽、滋味鲜醇，但不同的种类、工艺，品质上仍有各自特色。根据杀青和干燥工艺的不同而分为炒青绿茶、烘青绿茶、晒青绿茶和蒸青绿茶。

（1）炒青绿茶。外形：条索紧直匀整，有锋苗；色泽：绿润；香味：香爽；汤色：清澈；叶底：明亮。

（2）圆炒青绿茶。外形：颗粒状，圆紧，匀齐重实；色泽：墨绿油润；香气：纯正，滋味浓厚；汤色：清澈；叶底：黄绿明亮，芽叶完整。

（3）烘青绿茶。外形：条索紧细，有锋苗；色泽：深绿油润；香气：清纯，滋味鲜醇；汤色：黄绿清澈明亮；叶底：嫩绿明亮。

（4）晒青绿茶。外形：条索紧结；色泽：乌绿欠润；香气：有日晒气；汤色：泛黄；叶底：泛黄。

（5）蒸青绿茶。外形：干茶色泽深绿；汤色：浅绿；叶底：青绿；香气：较闷带青气，涩味较重。

绿茶是不发酵茶，较多地保留了鲜叶内的天然物质。其中茶多酚、咖啡因保留了鲜叶的 85% 以上，叶绿素保留了 50% 左右，维生素损失也较少，从而形成了绿茶"清汤绿叶，滋味收敛性强"的特点。其对防衰老、防癌、抗癌、杀菌、消炎等均有特殊效果，为发酵类茶所不及。

三、绿茶的名品

1. 西湖龙井

西湖龙井，中国十大名茶之一，产于浙江省杭州市西湖龙井村周围群山，具有 1200 多年历史。西湖龙井茶，外形扁平挺秀，色泽翠绿，内质清香味醇，泡在杯中，芽叶色绿，有"色绿，香郁，味醇，形美"四绝之特点。

西湖龙井茶又有狮峰、龙井、云栖、虎跑、梅家坞五个品类，以狮峰为上品，且以"明前茶"为上乘珍品。五大产地也是五个品类的来源，五大产地主要是指："狮"，产地狮峰；"龙"，产地龙井；"云"，产地云栖；"虎"，产地虎跑；"梅"，产地梅家坞。

春茶中的特级西湖龙井，外形扁平光滑，苗锋尖削，芽长于叶，色泽嫩绿，体表无茸毛；汤色嫩绿（黄）明亮；清香或嫩栗香，但有部分茶带高火香；滋味清爽或浓醇；叶底嫩绿，尚完整。其余各级龙井茶随着级别的下降，外形色泽为嫩绿—青绿—墨绿，茶身由小到大，茶条由光滑至粗糙；香味由嫩爽转向浓粗，四级茶开始有粗味；叶底由嫩芽转向对夹叶，色泽为嫩黄—青绿—黄褐。夏秋龙井茶，色泽暗绿或深绿，茶身较大，体表无茸毛，汤色黄亮，有清香但较粗糙，滋味浓略涩，叶底黄亮，总体品质比同级春茶差。

西湖龙井的传说

据说，清代乾隆年间，风调雨顺，国力强盛。乾隆皇帝下江南，来到杭州龙井狮峰山下，看乡女采茶，体察民情。

乾隆皇帝在杭州龙井狮峰山这几天，看见几个乡女正在十多棵绿茵茵的茶蓬前采茶，心中一乐也学着采了起来，刚采了不久，忽然太监来报："太后有病，请皇上急速回京。"乾隆皇帝听说太后有病，就随手将刚采的那一把茶叶向袋内一放，日夜兼程赶回京城。

乾隆皇帝回京后，发现太后因山珍海味吃多了，一时肝火上升、双眼红肿、胃里不适，才导致身体不舒服。乾隆皇帝见到太后，太后闻到一股清香，便问带来什么好东西。皇帝也觉得奇怪，哪来的清香呢？他随手一摸，原来是杭州狮峰山的那把茶叶，经过几天的行程茶叶已经干了，浓郁的香气就是它散发出来的。太后便想尝尝茶叶的味道，宫女将茶泡好，送到太后面前，果然清香扑鼻，太后喝完了茶，双眼红肿消了，胃不胀了。太后高兴地说："杭州龙井的茶叶，真是灵丹妙药。"乾隆皇帝见太后这么高兴，立即传旨下去，将杭州龙井狮峰山下那十八棵茶树封为御茶，每年采摘新茶，专门进贡太后。

2. 洞庭碧螺春

碧螺春，中国十大名茶之一，产于江苏省苏州市太湖的东洞庭山及西洞庭山（今苏州吴中区）一带，所以又称"洞庭碧螺春"，已有一千多年历史。茶叶银白隐翠，条索细长，卷曲成螺，身披白毫，冲泡后汤色碧绿清澈，香气浓郁，滋味鲜醇甘厚，回甘持久。

碧螺春在乾隆下江南时已是声名赫赫了。太湖地区气候温和，雨量充沛，土壤质地比较疏松，而且多是果木与茶树间作，茶吸果香，花窨茶味，孕育出碧螺春茶花香果味的天然品质。

碧螺春在唐朝时就被列为贡品，古人又称其为"工夫茶""新血茶"。高级的碧螺春，茶芽细嫩——0.5千克干茶有茶芽6～7万个。炒成后的干茶条索紧结，白毫显露，色泽银绿，翠碧诱人，卷曲成螺。此茶冲泡后杯中白云翻滚，清香袭人。

碧螺春茶的传说

很久很久以前，洞庭西山住着一位美丽、勤劳且善良的姑娘碧螺。有一天，碧螺姑娘到洞庭东山去砍柴，爬到半山腰闻到一股清香，抬起头来四周张望，发现洞庭东山最高峰莫厘峰上有几棵茶树，这阵阵清香正是从那里飘来的。她感到很奇怪，于是冒着危险攀上悬崖，来到山峰顶上，只见在石头缝里长着几棵绿油油的茶树，散发着浓郁的清香。碧螺姑娘采了些嫩芽揣在怀里，便下山回家。到家后，她又累又渴，当把怀中的茶叶嫩芽取出来时，只觉得清香袭人，满屋芬芳，她大叫"吓煞人哉，吓煞人哉！"一边拿些嫩芽泡上一杯开水喝了起来，饮后沁人心脾，余香经久不绝，同时觉得精神振奋，疲劳全消。姑娘喜出望外，决心把这宝贝茶树移回家来栽种。第二天，她又爬上山峰，把小茶树挖出，移植在西山的石公山脚下，加以精心培养。几年以后，茶树茂盛，散发出来的清香，吸引了远近乡邻，碧螺姑娘把树上的嫩芽焙制成像"铜丝条、满身毛"的干茶，冲泡后招待大家。大家饮后觉得奇香异常，妙不可言，就问这是什么茶，姑娘随口回答"吓煞人香"。从此这种"铜丝条、满身毛、吓煞人香"的茶名在洞庭西山、东山广为传播。碧螺姑娘去世后，当地人为了纪念她，就把这种"铜丝条、满身毛、吓煞人香"的茶叶改称为"碧螺春"。

3. 黄山毛峰

黄山毛峰，中国十大名茶之一，产于安徽省黄山（徽州）一带，所以又称徽茶；由清代光绪年间谢裕大茶庄所创制。

每年清明、谷雨，选摘良种茶树"黄山种""黄山大叶种"等初展的肥壮嫩芽，手工炒制。该茶外形微卷，状似雀舌，绿中泛黄，银毫显露且带有金黄色鱼叶（俗称黄金片）。入杯冲泡雾气结顶，汤色清碧微黄，叶底黄绿有活力，滋味醇甘，香气如兰，韵味深长。由于新制茶叶白毫披身，芽尖锋芒，且鲜叶采自黄山高峰，遂将该茶取名为黄山毛峰。

黄山毛峰分特级和一、二、三级，特级、一级为名茶。特级，一芽一叶初展；一级，一芽一叶开展和一芽二叶初展；二级，一芽二叶开展和一芽三叶初展；三级，开展一芽一叶、二叶、三叶。

"晴时早晚遍地雾，阴雨成天满山云"，黄山常常云雾缥缈。在这样的自然条件里，茶树终日笼罩在云雾之中，因而叶肥汁多，经久耐泡。加上黄山遍生兰花，采茶之际，正值山花烂漫，花香的熏染，使黄山茶叶格外清香，风味独具。

黄山毛峰的传说

话说明朝天启年间，江南黟县新任县官熊开元带书童来黄山春游时，迷了路，遇到一位腰挎竹篓的老和尚，便借宿于寺院中。长老泡茶敬客时，知县细看这茶叶色微黄，形似雀舌，身披白毫，开水冲泡下去，只见热气绕碗边转了一圈，转到碗中心就直线升腾，约有一尺高，然后在空中转一圆圈，化成一朵白莲花。那白莲花又慢慢上升化成一团云雾，最后散成一缕缕热气飘荡开来，清香满室。知县问后，方知此茶名叫黄山毛峰。临别时长老赠送此茶一包和黄山泉水一葫芦，并嘱一定要用此泉水冲泡才能出现白莲奇景。

熊知县回县衙后正遇同窗旧友太平知县来访，便将冲泡黄山毛峰表演了一番。太平知县甚是惊喜，后来到京城禀奏皇上，想献仙茶邀功请赏。皇帝传令进宫表演，然而不见白莲奇景出现，皇上大怒，太平知县只得据实说道乃黟县知县熊开元所献。皇帝立即传旨令熊开元进宫受审，熊开元进宫后方知是未用黄山泉水冲泡之故，讲明缘由后请求回黄山取水。熊知县来到黄山拜见长老，长老将山泉水交付与他。熊知县在皇帝面前再次冲泡玉杯中的黄山毛峰，果然出现了白莲奇观，皇帝看得眉开眼笑，便对熊知县说道："朕念你献茶有功，升你为江南巡抚，三日后就上任去吧。"熊知县心中感慨万千，暗忖道："黄山名茶尚且品质清高，何况为人呢？"于是脱下官服玉带，来到黄山云谷寺出家做了和尚，法名正志。如今在苍松入云、修竹夹道的云谷寺旁，有一檗庵大师墓塔遗址，相传就是正志和尚的坟墓。

4.六安瓜片

六安瓜片，传统名茶，中国十大名茶之一，简称瓜片、片茶。其产自安徽省六安市大别山一带，唐称"庐州六安茶"，明始称"六安瓜片"，为上品、极品茶，清为朝廷贡茶。

六安瓜片为绿茶特种茶类，具有悠久的历史底蕴和丰厚的文化内涵。在世界所有茶叶中，六安瓜片是唯一无芽无梗的茶叶，由单片生叶制成。去芽不仅保持单片形体，且无青草味；梗在制作过程中已木质化，剔除后，可确保茶味浓而不苦，香而不涩。六安瓜片每逢谷雨前后十天之内采摘，采摘时取二、三叶，求"壮"不求"嫩"。

六安瓜片茶诞生于六安茶之中，是清朝名茶中之精华。根据六安史志记载和清代乾隆年间诗人袁枚所著《随园食单》所列名品，以及民间传说，六安瓜片于清代中叶从六安茶中的"齐山云雾"演变而来，当地人流传"齐山云雾、东起蟒蛇洞、西至蝙蝠洞、南达金盆照月、北连水晶庵"的说法。

六安瓜片的传说

传说，一个名叫胡林的长工和他的同伴，到深山老林寻找神茶。有一天，偶然在人迹罕至的崖石上看到了几株奇异茶树，胡林攀上险崖，来到茶树边一看，发觉此茶叶是他几十年来从未见到的好茶。心想采了这些茶回去，财主定会重赏。当他摘下两颗芽头时，忽然，石洞一阵巨响，黑风从洞里刮出，一只黑色的大蝙蝠朝他扑来，吓得他双手一松摔下悬崖，命归黄泉了。为了采到神茶，财主亲自带了有武功的家丁，拿着刀枪来到悬崖下，命家丁们爬上去，一定要杀死黑蝙蝠，采到这种神茶。他先后派了三个家丁上悬崖，都在洞口被黑蝙蝠削下脑壳，丧失了性命，只好收兵，再作计较。

深夜，财主睡不着，便起身来到后花园踱步。忽然，花丛中升起的一团白气，化作一位仙姑，她手持一束鲜花，来到财主面前说："悬崖上洞里的蝙蝠是个妖精，刀枪不入，会呼风唤雨，你不要再让家丁去送死。明早可叫家丁到山上采鲜花，放在蝙蝠住的洞口，蝙蝠看到鲜花眼睛会瞎，闻到香气定会灭亡。不过，这种茶只有为民办事的人喝了才有益，否则，它就和普通茶一样。"说完，仙姑不见了。

天刚蒙蒙亮，财主召集家丁训话，要他们到野外采摘鲜花。不久，家丁们都捧着一簇簇的鲜花回来了。财主按仙姑的指点，来到悬崖，架起云梯，将鲜花丢在洞口边。蝙蝠精看见鲜花，眼睛顿时睁不开了，闻到香味，喘不过气来了，最后憋死在石洞中。采到神茶后，将茶芽放在碗中一泡，碗中浮起云雾，宛若祥云，奇香扑鼻，财主欣喜高叫"神茶！神茶！"后来，经过精心加工，这种茶就成了闻名全国的六安瓜片。

5. 信阳毛尖

信阳毛尖又称豫毛峰，属绿茶类，是中国十大名茶之一，河南省著名特产之一。其主要产地在信阳市浉河区、平桥区和新县、商城县及境内大别山一带。民国初年，信阳茶区的五大茶社产出品质上乘的本山毛尖茶，正式命名为"信阳毛尖"。

信阳毛尖具有"细、圆、光、直、多白毫、香高、味浓、汤色绿"的特点，其颜色鲜润、干净，不含杂质；香气高雅、清新；味道鲜爽、醇香、回甘。外形上看则匀整、鲜绿有光泽、白毫明显。冲后香高持久，滋味浓醇，回甘生津，汤色明亮清澈。优质信阳毛尖汤色嫩绿、黄绿或明亮，味道清香扑鼻，劣质信阳毛尖则汤色深绿或发黄、混浊发暗，不耐冲泡、没有茶香味。

信阳毛尖的传说

相传在很久以前，信阳本没有茶。乡亲们在官府和老财的欺压下，吃不饱，穿不暖，许多人得了一种叫"疲劳痧"的怪病。瘟病越来越凶，死了很多人。一个叫春姑的闺女看在眼里急在心上，为了能给乡亲们治病，她四处奔走寻找能人。

一天，一位采药老人告诉春姑，往西南方向翻过九十九座大山，越过九十九条大江，便能找到一种消除疾病的宝树。春姑按照老人所指的方向爬过九十九座大山，越过九十九条大江，在路上走了九九八十一天，累得筋疲力尽，并且也染上了可怕的瘟病，倒在一条小溪边。这时，溪水中漂来一片树叶，春姑含在嘴里，马上神清目爽，浑身是劲。她顺着泉水向上寻找，果然找到了长着救命树叶的大树，摘下一颗金灿灿的种子。

看管茶树的神农氏老人告诉春姑，摘下的种子必须在10天之内种进泥土，否则会前功尽弃。想到10天之内赶不回去，也就不能抢救乡亲们，春姑难过得哭了。神农氏老人见此情景，拿出神鞭抽了两下，春姑便变成了一只嘴巴尖尖、眼睛大大、浑身长满嫩黄色羽毛的画眉鸟。

小画眉鸟很快飞回了家乡，将树籽种下。见到嫩绿的树苗从泥土中探出头来，画眉鸟高兴地笑了起来。这时，她的心血和力气已经耗尽，在茶树旁化成了一块似鸟非鸟的石头。不久茶树长大，山上也飞出了一群群的小画眉鸟，她们用尖尖的嘴巴啄下一片片茶叶，放进瘟病病人的嘴里，病人得救了。

6. 都匀毛尖

都匀毛尖，中国十大名茶之一，产于贵州都匀市（属黔南布依族苗族自治州），是贵州三大名茶之一。1956 年，其由毛泽东亲笔命名，又名"白毛尖""细毛尖""鱼钩茶""雀舌茶"。

都匀毛尖条索紧结、纤细卷曲、披毫，色绿翠，香清高，味鲜浓，叶底嫩绿匀整明亮。都匀毛尖茶选用当地的苔茶良种，具有发芽早、芽叶肥壮、茸毛多、持嫩性强的特性，内含成分丰富。都匀毛尖具有"三绿透黄色"的特点，即干茶色泽绿中带黄，汤色绿中透黄，叶底绿中显黄。成品都匀毛尖色泽翠绿、外形匀整、白毫显露、条索卷曲、香气清嫩、滋味鲜浓、回味甘甜、汤色清澈、叶底明亮、芽头肥壮。都匀茶具有生津解渴、清心明目、提神醒脑、去腻消食、抑制动脉粥样硬化、降脂减肥以及防癌、防治坏血病和消解放射性元素等多种功效与作用。

都匀毛尖的传说

以前，都匀王有九个儿子和九十个女儿。王老了，某日得了伤寒，病倒在床。他对儿女们说："谁能找到治好我病的药，谁就管天下。"九个儿子找来九样药，都没治好。九十个姑娘找来的全是一样的药——茶叶，却医好了病。

王问："从何处找来？是谁给的？"姑娘们异口同声回答："从云雾山上采来，是绿仙雀给的。"王连服三次，眼明神爽，高兴地说："真比仙丹灵验！现在我让位给你们了，但我有个希望，你们再去找点茶种来栽，今后谁生病，都能治好，岂不更好？"

姑娘们第二天来到云雾山，不见绿仙雀，也不知道茶叶怎么栽种。她们在一株高大的茶树王树下求拜三天三夜，感动了天神，于是天神派一只绿仙雀和一群百灵鸟从云中飞来，不停地叫："毛尖……茶，毛尖……茶。"

　　姑娘们说明来意，绿仙雀立马变成一位美貌而聪明的茶姐，她一边采茶一边说："姊妹们，要找茶种好办，但首先要做三条：一是要有一双剪刀似的手，平时可以采药，坏人来偷茶时，就夹断他的爪爪（方言，手的意思）；二是要能变成我这样的尖尖嘴，去捕捉茶林中的害虫；三是要能用它医治人间疾苦，让百姓健康长寿。"

　　姑娘们说："保证做到这三条。请茶姐多多指点。"茶姐拉着这群姑娘的手，叽叽咕咕，指指划划，面授秘诀，姑娘们高兴得边唱边跳："绿茶啊！绿茶，毛尖绿茶。生在云雾山，种在布依家。"

　　姑娘们终于得到了茶种，她们回到都匀后头一年种在蟒山顶，被冰雹打枯了；第二年种在蟒山半山腰，又被霜雪打死了；第三年种在蟒山脚下。由于前两次的失败，这次她们更加精心栽培，细心管理，茶苗长势越来越好，变成一片茂盛的茶园。

　　为了不忘记绿仙雀的指点，后来这茶就取名叫"都匀毛尖茶"。

7. 安吉白茶

　　安吉白茶分布在浙江省湖州市安吉县，因其加工原料采自一种嫩叶全为白色的茶树而得名。茶树产"白茶"时间很短，通常仅一个月左右。该茶是一种珍罕的变异茶种，属于"低温敏感型"茶叶，阈值约在23℃。

　　安吉白茶外形挺直略扁，形如兰蕙；色泽翠绿，白毫显露；叶芽如金镶碧鞘，内裹银箭，十分可人。冲泡后，清香高扬且持久；滋味鲜爽，饮毕，唇齿留香，回味甘而生津；叶底嫩绿明亮，芽叶朵朵可辨。安吉白茶还有一种异于其他绿茶之独特韵味，即含有一丝清冷如"淡竹积雪"的奇逸之香。茶叶品级越高，此香越清纯，这或许是茶乡安吉的"风土韵"。"凤形"安吉白茶条直显芽，壮实匀整；色嫩绿，鲜活泛金边。"龙形"安吉白茶扁平光滑，挺直尖削；嫩绿显玉色，匀整。两种茶的汤色均嫩绿明亮，香气鲜嫩而持久；滋味或鲜醇，或馥郁，清润甘爽，叶白脉翠。根据品级不同，其为一芽一叶初展至一芽三叶不等，高品级者芽长于叶。

安吉白茶的传说

在安吉一直流传着"白娘子南山盗宝救许仙，神仙果落地生根化白茶"的故事。

一天凌晨，白娘子扶床忧思，突然狂风大作，堂门开处，空中送进一句谏言："若要郎君治愈，南山仙草救命、仙果救心，万勿耽搁，阿弥陀佛！"白娘子循声望去，空空如也，谏言却在耳际回响。白娘子面对许郎柔声细语："待我去南山盗得仙草、仙果来，你不日就会痊愈。"

南山是仙草园，园内仙草千姿百态，含霞带珠，日夜神光闪烁，因此，仙家看守甚严，由白鹤童子昼夜把守。白娘子手袖一挥，腾云驾雾来到仙草园。她趁白鹤童子瞌睡之际，偷得了仙草仙果就走。白鹤醒来后穷追不舍，白娘子边战边退，终于摆脱了白鹤童子。

白娘子一路飞来，路经白茶谷山地（大溪村横坑坞），见此高山峻岭，野竹莽林，云雾缭绕，涧水淙淙，暗暗赞道：此乃修道成仙之胜地也！无意中将仙果失落在海拔八百多米高的山巅。白娘子因救许仙心切，这一切全无发觉。

待到杭州，白娘子急忙取出怀中仙草煎汁灌入许仙口中。许仙渐渐苏醒，生命得以解救；欲取腰间仙果煎汤与许仙服用，使许仙不再相信法海蛊惑、稳定神志、忠贞爱情，但搜遍全身，不见仙果踪影，又不知丢失何方，只能罢休。后白娘子被法海镇压在杭州雷峰塔下，不得脱身也无法回来寻找。

却说仙果遇此仙境胜地，就在山巅发芽、生根、抽枝、放叶，因它系仙界之物，叶色白，与众茶迥异，无花无果，不会繁殖。

星移斗转，日升月沉，雷峰塔最后轰然倒塌，白娘子终于解脱。为找到这颗仙果，白娘子沿着当年飞越的路径寻至白茶谷，见仙果已在此地枝繁叶茂地长着，也就隐居此山继续修道，与白茶形影不离。

它历经宋元明清以至民国的千年风霜，始终翁翁郁郁，蓬勃常青，丝毫不见衰老，确是仙果神种，不同凡响！

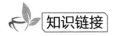 知识链接

绿茶与健康

绿茶，是中国的主要茶类之一，是指采取茶树的新叶或芽，未经发酵，经杀青、整形、烘干等工艺而制作的饮品。其制成品色泽和冲泡后的茶汤较多地保存了鲜叶的绿色格调。

现代科学大量研究证实，茶叶中确实含有与人体健康密切相关的生化成分。它不仅具有提神清心、清热解暑、消食化痰、去腻减肥、清心除烦、解毒醒酒、生津止渴、降火明目、止痢除湿等药理作用，还对现代疾病如辐射病、心脑血管病、癌症等，有一定的药理功效。茶叶具有药理作用的主要成分是茶多酚、咖啡因、脂多糖、茶氨酸等。绿茶中的这些天然营养成分对防衰老、防癌、抗癌、杀菌、消炎等具有特殊效果，是其他茶类所不及的。茶叶里边的茶多酚，具有很强的生理活性和抗氧化性，可以清除人体内的氧自由基，从而起到抗辐射、增强机体免疫力的作用。常饮绿茶能防癌、降脂和减肥，对吸烟者也可减轻尼古丁的伤害。

小试牛刀

请查找资料，编写一篇介绍西湖龙井的导游词。

身体力行

请以导游的身份向大家介绍西湖龙井茶。

课外拓展

1.茶的加工，简单分为 ＿＿＿＿ 、＿＿＿＿ 和 ＿＿＿＿ 三个步骤，其中关键在于 ＿＿＿＿ 。

2.＿＿＿＿＿ 对绿茶品质起着决定性的作用。

3.绿茶是 ＿＿＿ 发酵茶，其特性决定了它较多地保留了鲜叶内的天然物质。

4.＿＿＿＿＿＿＿ 是中国十大名茶之一，产于浙江省杭州市西湖龙井村周围群山。

任务二　说丽水绿茶

学习目标

1. 了解丽水绿茶的品质特点和茶园。

2. 熟悉丽水绿茶名品并模拟讲解。

趣闻轶事

打响丽水香茶品牌

　　丽水市委、市政府提出广义"丽水香茶"的概念，将松阳、遂昌、景宁、缙云、莲都、龙泉、云和、庆元、青田等九县（市、区）所产的茶叶统称为"丽水香茶"，抱团取暖，协同发展。

　　2006年起，覆盖全市的"丽水香茶"开始走南闯北打市场。年复一年，终于成功塑造了丽水香茶公用品牌形象。在2015年中国茶叶区域公用品牌价值百强排行榜中，"丽水香茶"精品系列5个入围，占1/20，价值合计近五十亿元。目前，在全国有超过二十个省市销售丽水香茶，华北、西北、东北地区对丽水香茶的认可度较高，90%的"丽水香茶"销往北方市场。

　　茶产业作为丽水"三美"——美丽环境、美丽经济、美好生活高度融合的生态属性最强的主导产业，以"丽水香茶"作为覆盖全市的公共品牌，引领产业发展和品牌打造，已成为丽水创建全国生态文明和生态经济双示范区的支撑产业，全产业链综合产值超百亿元。

　　丽水茶业也已成为农民增收致富的重要渠道。以茶业大县松阳县为例，全县农业产值1/3来自茶叶，农民收入1/3来自茶叶，全县人口1/3从事与茶叶产业。"丽水香茶"也成为主客共享的优质农产品、旅游商品和特色伴手礼。

 任务描述

　　王先生一家从上海来丽水旅游，在游览期间，感受到丽水山清水秀的优美环境，大为喜爱。行程的最后一天他想带点儿伴手礼回去送给亲朋好友，挑来选去，决定以丽水盛产的绿茶作为伴手礼，可是他又不懂丽水绿茶的品质和类别。作为茶园实习导游的小雅能给他一点儿建议吗？

任务知识

一、走进绿茶茶园

1.景宁惠明茶园

　　惠明茶产区，位于浙南景宁敕木山区，瓯江上游，属山区及半山区，亚热带季风气候，温和湿润，年均气温17.6℃，年均降水量1868毫米，无霜期达268天，自然条件十分优越。土壤以酸性砂质黄壤土及香灰土为主，土质润泽，山上林木葱茏，常年云雾弥漫。尤以居赤木山山腰、海拔约六七百米的惠明寺及际头村两地，所产茶叶最佳。

　　惠明茶以惠明寺附近为主要产地。惠明寺海拔630米，敕木山主峰海拔1500米，峦接云霄。山上林木葱茏，云山雾海，气象变化万千。每当春秋朝夕，站在山顶远眺，山下茫茫烟霞，经久不散。该地土壤以酸性沙质黄壤土和香灰土为主，土质肥沃，雨量充沛。由于土壤气候条件特殊，在长期的生产实践中，逐渐形成了本地茶树群体品种的特点。茶农把这里生长的茶树，分为大叶茶、竹叶茶、多芽茶、白芽茶和白茶等种。大叶茶因叶片宽大而出名，是制作惠明茶的优良品种。其次是多芽茶，每个叶腋间的潜伏芽能同时生发，如肥培管理适当，其芽梢可以齐发并长。此茶叶略呈圆形，叶质厚实隆起，持嫩性很强，也是加工惠明茶的良好原料。

　　2.龙泉金观音茶园

　　龙泉金观音农林观光园区坐落于龙泉市兰巨乡蜜蜂岭村，东距市区5公里、青瓷宝剑文化园区4公里，南距龙泉山景区40公里、大窑明官窑遗址35

公里，项目区占地面积 1515 亩；主要包括金观音茶文化休闲庄园、金观音农林旅游观光园等两大区块。

观光园是一个以"茶养生"为主题的特色产业型的现代农家乐休闲山庄。其在功能区块设置上都突出"茶文化"，有主体大楼一座及辅助的餐饮、住宿楼共三座，设有购物区、品茗区，能承接各类会议及培训，还可提供各种室内及户外的娱乐休闲项目十余种，满足游客吃、住、行、游、娱、购、养、育的需要。

观光园现拥有庄园面积 15 亩、茶叶基地五百余亩、农林观光园区一千余亩。观光园以"企业 + 基地 + 农户"的发展模式带动 3000 户农户种植金观音茶一万余亩，形成了优质的区域农业资源。观光园将茶业与农林观光园区、休闲山庄结合发展，走多样化经营之路，品生态茶、吃农家菜、游农业园，使茶业、餐饮住宿业、观光农业结合发展、相辅相成，并积极将此农业与第三产业相结合的综合开发模式在地区内推广。

龙泉金观音农林观光园区设立多种活动体验项目，如金观音庄园核心功能区有制茶体验区、健身活动区（乒乓球、羽毛球、篮球、棋牌室等）、射击体验区、少儿垂钓区、茶香书屋、瓷吧等；茶园功能区中有采茶体验区、挖笋体验区、山地车环园体验项目、垂钓区、水果采摘区、农耕体验区等，能满足各类游客的体验和运动需求。今后还可以根据游客需求增加打麻糍、做豆腐等一些民事体验活动。观光园通过挖掘茶文化，并整合周边苗圃等资源，打造自己特色的农林观光园区。

二、丽水绿茶的品质特点

丽水绿茶以"色绿、条紧、香高、味浓"四绝著称，条索细紧、色泽翠润、香高持久、滋味浓爽、汤色清亮、叶底绿明。同一种茶叶，同一个产地，每年口味不同甚至差异很大，其原因错综复杂，但品种是主要内因。

（1）白茶香茶。春茶幼嫩芽叶呈玉白色，叶脉淡绿色，随着叶片成熟和气温升高逐渐转为浅绿色，夏、秋茶芽叶均为绿色。春茶一芽二叶含干样游离氨基酸 4% ~ 8%，为常规品种近 2 倍。所制丽水香茶色泽绿润，香气显花香，滋味鲜爽，叶底玉白色，品质优良。丽水全市现有白茶栽培面积 6 万亩，年产白茶香茶 2500 吨。

（2）龙井 43 香茶。由中国农业科学院茶叶研究所从龙井种中采用系统育种法育成，曾获全国科学大会奖。植株中等，春梢基部有一淡红点，茸毛少，春茶一芽二叶干样含氨基酸 4%~5%。所制茶色泽翠绿，汤色绿黄明亮；嫩栗香或高火香，滋味鲜爽醇厚。丽水现有香茶栽培面积 6.5 万亩，年产龙井 43 香茶 3000 吨。

（3）群体种香茶。有性系，主要为鸠坑和本地群体种。芽叶肥壮，茸毛中等。所制丽水香茶外形紧细，色绿油润，香高味浓。丽水现尚存茶园面积 10 万亩，年产群体种香茶 3000 吨。

（4）迎霜香茶。早生无性系国家级良种。生长期长，霜降季节尚有茶可采，故名迎霜，茸毛多，持嫩性强。所制丽水香茶品质特征为香气高扬，收敛性强，口感香浓甘醇。丽水现栽培面积 6 万亩，年产迎霜香茶 3000 吨。

（5）乌牛早香茶。该品种发芽特早，芽叶肥壮，所制丽水香茶色泽深绿，条索壮实，芽锋显露，香气浓郁持久，滋味甘醇，丽水现有茶园栽培面积 5 万亩，年产乌牛早香茶 2000 吨。

三、绿茶的名品

丽水产茶历史悠久，在三国时期就已产茶，唐宋以来曾数度辉煌。高山云雾出好茶，丽水茶叶以香高味浓著称于世，历来以自然品质优异而闻名中外，明代额定岁贡茶芽每县三四斤，景宁惠明茶、龙泉贡茶、遂昌太虚妙露茶、松阳卯山仙茶等先后被列为贡品名茶。

1. 景宁惠明茶

惠明茶产于浙江省丽水市景宁畲族自治县城南 6 公里的敕木山上，因唐朝惠明和尚在此建寺植茶而得名，迄今已有千余年的历史，是中国名茶中的珍品。景宁惠明茶外形细紧，稍卷曲，色绿润，具有回味甜醇、浓而不苦、滋味鲜爽、耐于冲泡、香气持久等特点。

制作惠明茶所用鲜叶为芽头肥大、叶张幼嫩、芽长于叶的一芽一叶。制作时先将芽叶于铜锅中炒青，至适度时起锅，摊凉并轻轻搓揉，然后用焙笼烘焙至八成以上干度，再入锅整形翻炒至足干。成茶条索紧缩壮实，颗粒饱满，色泽翠绿光润，全芽披毫，茶味鲜爽甘醇，带有兰花香，汤色清澈明绿。

惠明茶是历史名茶，自唐代开始种植，已有千余年历史，南宋时期已成为朝廷贡品，以其优良的品质，悠久的历史和深厚的文化底蕴，成为我国众多名茶中的一朵奇葩。1915年选送参加巴拿马万国博览会，荣获一等证书和金质奖章，从此惠明茶成为我国赞誉最高的饮品之一，被誉为"金奖惠明茶"。

惠明茶的传说

关于名茶，民间总是有很多传说，惠明茶也不例外。相传很久以前，景宁县的一个商人到南方去做生意，在行船途中，遇见一个老和尚，他十分穷困，衣衫褴褛。商人是个善人，平日经常接济穷人，便送给老和尚一些银子和布匹，老和尚很感激，无以为报，便从身上取出一种白茶及其种子交给商人说："感谢施主，贫僧没什么相送，这是一些茶叶，如果家人遭遇疾病，可取茶叶，用开水沏泡喝下，或许有些帮助。"

商人道谢后，收下茶叶和种子，但并未放在心上。过了一些时日，商人的母亲突染疾病，导致双目失明。商人是个孝子，请遍周围名医，全无起色。

他突然想起老和尚的话，急忙拿出所赠茶叶，用开水冲泡后，让老母亲喝下，不多久，老母的眼睛竟然复明了。一时间，这个消息传遍乡里，商人忙命人将此茶的种子种下，精心培育，并取名"惠明茶"，取其使眼复明之意。

据其他历史文献记载，唐代有一位叫惠明的高僧，从峨眉山下来，云游至浙江景宁境内，发现这里风景优美，宛如人间仙境，便在此地建寺，取名"惠明寺"，并在寺周围辟地种茶，即"惠明茶"，并用惠明寺旁的南泉水沏惠明茶。

茶配上民间传说，是中国茶文化的一种，人们在品茗之余，欣赏其流传下来的优美传说，别有一番情趣。

2.松阳银猴茶

松阳银猴茶为浙江省新创制的名茶之一,产于松阳县瓯江上游古市区半古月"谢猴山"一带。松阳银猴因条索卷曲多毫、形似猴爪、色如银而得名。

产地内卯山、万寿山、马鞍山、箬寮观,群山环抱,峰岭逶迤,云雾缥缈,溪流纵横交错,气候温和,雨量充沛;土壤肥沃,土层深厚,有机质含量丰富;茂木苍翠,山下溪流纵横,瓯江蜿蜒其间,生态环境优越,为银猴茶品质提供了先天条件。银猴山兰、银猴龙剑、银猴白茶、银猴香茶等名茶系列品质优异,饮之心旷神怡,回味无穷,被誉为"茶中瑰宝"。

浙江松阳产茶历史悠久。宋代苏东坡诗道:"天台乳花世不见,玉川风腋今何有。"据《松阳县志》记载:1929年在西湖博览会上,松阳茶叶荣获一等奖。如今在有关部门的努力下,松阳名茶相继诞生,松阳银猴以别具一格的品质风格,夺得松阳名茶之魁,在国内国际茶事大赛中多次获奖,2002年获绿色食品认证,2003年评为浙江省名牌产品。目前已建成以银猴茶为主的生态茶基地4700公顷,无性系良种率达85%。松阳银猴系列名茶远销德国,畅销国内北京、杭州、上海、江苏、安徽、山东等二十多个省市。

3.遂昌龙谷丽人茶

龙谷丽人茶,产于遂昌县,历史悠久,早在南宋时就是贡品,到了明代更是御用名茶。该茶条形浑直似眉,色泽翠绿显毫,香气清幽持久,汤色嫩绿清澈,滋味甘醇爽口,叶底细嫩明亮。因其于冲泡杯中嫩芽直竖,亭亭玉立,似丽人起舞,故名"龙谷丽人"。

明代著名剧作家汤显祖曾经做过五年的遂昌知县。他把遂昌比作仙山,自喻为仙令,并写有《竹屿烹茶》诗:"君子山前放午衙,湿烟青竹弄云霞。烧将玉井峰前水,来试遂昌龙谷茶。"在济南第三届国际茶博会上,"龙谷丽人茶"尽显风采,分别冠名"茶艺表演暨万人品茗"活动和文艺晚会,并且在名茶评比中一举夺得金奖。拍卖会上,200克龙谷丽人茶珍品拍出了6.6万元的高价,可见人们对该茶的喜爱之深。

4.莲都梅峰茶

梅峰有机茶,产自莲都区仙渡乡海拔600～900米的大姆山山腰上。四周无污染,山高云雾大,特别适宜喜阴凉湿润的茶树的生长,加上基地采用完全模拟自然生态环境进行栽培管理，所产茶叶具有芳香浓郁、汤色嫩绿清澈、口味甘甜爽口、回味持久的特点，实属纯天然绿色产品。

1992年以来，茶园停止喷洒农药和施用化肥，实行以虫治虫、以园养茶和以茶养园的有机仿生良性科学管理。2000年9月，产自大姆山茶园的"莲城龙凤茶"和"莲城雾峰茶"两大品牌在第二届国际茶叶博览会上，被评为国际名茶金奖。2001年5月29日，梅峰茶叶公司所属大姆山茶场生产的茶叶，经中国农业科学院茶叶研究所有机茶研究与发展中心颁证委员会审定，符合有机茶标准，获全国"有机茶原料生产证书"。2002年10月，梅峰茶叶公司"梅中田"牌茶叶获浙江省名牌农产品称号。现在有机茶业已成为莲都区大力发展的六大主导产业之一。

莲城雾峰（扁形茶、绿茶）的特点如下。

外形：扁平挺直嫩绿；汤色：嫩绿明亮；香气：清香，幽而不俗，沁人肺腑；叶底：肥嫩多芽、明亮；滋味：鲜醇甘爽，饮后有留韵，新鲜无粗青味，清淡无涩苦感，回味甘甜。

5. 龙泉凤阳春

龙泉凤阳春茶，采摘精细，长度一致。其形似松针，条索紧直浑圆，两端略尖，锋苗挺秀，茸毫隐露，色呈墨绿。冲泡后茶香浓郁，滋味鲜醇，汤绿清澈，叶底嫩亮，芽芽直立，上下浮沉，犹如翡翠，清香四溢。品饮一杯，沁人肺腑，齿颊留芳。

据《龙泉县志》记载，早在三国、五代时龙泉已产茶。唐时龙泉置县，所产的茶叶因色味双绝而被朝廷列为贡品，到明清时期就更明确额定龙泉须向朝廷进贡名茶。据史籍记载，龙泉的贡茶产于江浙第一高峰凤阳山（今龙泉山）北麓天堂山的新大堂，也就是现在良种场一带。这里土层深厚，土壤肥沃，有机质丰富，且降雨均匀，气候温暖湿润，为优质茶的生产提供了得天独厚的地理环境和生态环境。为恢复贡茶，龙泉市凤阳春有限公司根据史籍资料，在良种场凤阳春茶园用绿色产品生产标准精心培育茶树，终于恢复并研制成功了比原贡茶更胜一筹的绿色生态茶"龙泉贡茶——凤阳春"。

龙泉市政府已将凤阳春有限公司命名为市级农业龙头企业，正在实施以"龙泉贡茶——凤阳春"为品牌的2万亩绿色无公害茶叶基地计划，进一步推动龙泉茶叶经济的快速发展。龙泉凤阳春茶先后被评为全国第二届农业博览会金奖，2000年国际名茶评审委员会的国际名茶优质奖，浙江省高品质绿色茶叶。2001年5月，贡茶凤阳春又通过了农业部质量监督检验测试中心的农残检测，达到欧盟标准，为进一步打响绿色生态有机茶的牌子走出了重要一步。

6. 龙泉白天鹅茶

龙泉白天鹅茶，产于素有"浙南林海"之称的浙江省龙泉市境内。龙泉白天鹅茶的外形扁平挺直，银毫满披似天鹅羽毛，有独特的兰花香，香气清高持久，滋味浓厚鲜爽，汤色嫩绿明亮，叶底全芽色绿匀齐。较耐泡，一般冲泡6杯仍有味。采摘精细，嫩度均匀，清香四溢，是天然的优质高山茶。

茶园分布在国家级自然保护区凤阳山（主峰黄茅尖海拔1929米）旁的炉田、佳龙一带。此地带冬无严寒，夏无酷暑，春早夏长。全市森林覆盖率高达78.4%，原始森林般的地理环境使土壤富含大量腐殖质，土层深厚肥沃。境内群山巍峨，山谷幽深，盆地平坦。得天独厚的自然地理环境，形成了特有的高山茶品质。

7. 青田御茶

青田御茶，产于浙江省青田县，为历史名茶。高档青田御茶以一芽一叶初展幼嫩芽叶为原料，成茶外形扁平光滑，整齐匀净，色泽绿润。内质滋味鲜醇爽口，有明显的兰花香，汤色嫩绿明亮，叶底芽叶完整。

青田茶叶在明朝时曾为贡茶。1368年清明前夕，明朝开国元勋刘伯温回青田扫墓，品饮了家乡的茶，回朝时将家乡茶叶进贡给朱元璋品尝。该茶冲泡杯中，芽头耸立，犹如翩翩起舞的绿衣少女，亭亭玉立，盈盈荡漾，赏之心旷神怡，闻之香气四溢，饮之甘醇爽口，回味无穷。皇帝品后，龙颜大悦，钦定为御茶。

青田御茶1998年由青田农业局重新开发并获得成功。该茶分别于1998、1999、2001年，在丽水地区第十八届、浙江省第十三和十四届名茶评比中获一类名茶称号。1999年11月，青田县农业局、质量技术监督局联合制定该茶的种苗、种植、采制、包装及商标的统一标准，并申请注册了"太鹤"商标。

8. 缙云鼎湖茶

鼎湖茶，产于浙江缙云县仙都，以"天下第一笋"之称的鼎湖峰而得名。

在它的四周，群山环抱，林木葱郁，鼎湖茶就生长在这片奇山异水中。鼎湖茶外形扁平重实，色泽绿润，香气清高，汤色鲜亮，滋味醇爽，叶底嫩绿成朵。全年茶叶总产量485吨，产值6000多万元。无公害茶园面积2.5万亩，认证有机茶面积1500亩。1991荣膺"中国文化名茶"称号。

每年阴历的九月初九，这里都要举行"拜峰节"。这天，茶农要带上自产的当年好茶在峰下摆上八仙桌，放上四套盖碗，用铜壶盛上沸水，沏上茶行"鼎湖祝茶礼"：这个叫作"节节高升"。打开盖碗碗盖，叠成鼎湖峰形，寓意茶的收成一年更比一年好。"四喜临门"是指将茶叶分于碗盖上，茶叶落盖如同喜到门前。等到盖碗翻转，茶入碗中，就是鲤鱼翻身，象征来年生活事业都能够翻一番。冲泡好的香茶根根挺拔直立，如身后鼎湖峰，山与茶重峦叠翠，遥相呼应。品茶前先轻轻闻香，清高的味道沁人心脾。

早在宋代这里就有"时培石上土，更种竹间茶"的记载。明代，鼎湖茶更是成为缙云贡茶。茶园大多分布于海拔500～700米的高山上。采茶时节，爬上梯田形状的茶园一般都要花费好几个小时。伴着婉转的山歌，幼嫩的芽叶采摘下来，放进姑娘的背篓中。

鼎湖茶的加工炒制一般都在自家院内进行。缙云县河阳村是一个有着千年历史的古村落，也是鼎湖茶农们的聚居地之一。肥壮的鲜叶经过摊凉，就可以进行炒制了。制作鼎湖茶要在特制的铁锅内运用抖、抓、压、推、拉、磨等手法，不断灵活地变换。而其中的定型对技术的要求最高，因为干茶出锅前要求快速升温提香，全靠炒茶人与烧火人的默契配合。做好的鼎湖茶外形挺拔重实、色泽润绿、幽香袭人。

这里的村子有个传统，晚辈看望长辈一定要敬上最好的鼎湖茶。茶包上红红的福字，代表着祝老人福如东海的心愿，也见证着鼎湖茶在人们心中的浓情厚谊。

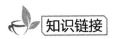 知识链接

无我茶会

无我茶会是一种茶会形式，其特点是参加者都自带茶叶、茶具，

人人泡茶，人人敬茶，人人品茶，一味同心。在茶会中以茶传言，广为联谊，忘却自我，打成一片。无我茶会是一种"大家参与"的茶会，其举办成败与否，取决于是否体现了无我茶会的精神。

第一，无尊卑之分。茶会不设贵宾席，参加茶会者的座位由抽签决定，无论是在中心地还在边缘地，在干燥平坦处还是潮湿低注处都不能挑选。自己将奉茶给谁喝，自己可喝到谁奉的茶，事先并不知道。因此，不论职业职务、性别年龄、肤色国籍，人人都有平等的机遇。

第二，无"求报偿"之心。参加茶会的每个人泡的茶都是奉给左边的茶侣，现时自己所品之茶却来自右边茶侣，人人都为他人服务，而不求对方报偿。

第三，无好恶之分。每人品尝四杯不同的茶，因为事先不约定带来什么样的茶，难免会喝到一些平日不常喝甚至自己不喜欢的茶，但每位与会者都要以客观心情来欣赏每一杯茶，从中感受到别人的长处，以更为开放的胸怀来接纳茶的多种类型。

第四，时时保持精进之心。自己每泡一道茶，自己都品一杯，每杯泡得如何，与他人泡的相比有何差别，要时时谨记使自己的茶艺精深。

第五，遵守公告约定。茶会进行时并无司仪或指挥，大家都按事先公告项目进行，养成自觉遵守约定的美德。

第六，培养集体的默契。茶会进行时，均不说话，大家用心于泡茶、奉茶、品茶，时时自觉调整，约束自己，配合他人，使整个茶会快慢节拍一致，并专心欣赏音乐或聆听演奏，人人心灵相通，即使几百人的茶会亦能保持会场宁静、安详的气氛。

小试牛刀

"世界绿茶看浙江，浙江绿茶丽水香。"请你查找资料，编写一篇介绍丽水香茶的导游词。

🍃 **身体力行**

游客王先生听了你对丽水绿茶的介绍非常满意，他想更深入地了解景宁惠明茶。你能结合所学知识以导游的身份给他详细介绍景宁金奖惠明茶吗？

🍵 **课外拓展**

1. 惠明茶主要产于 _____，其中以 ____ 寺及附近为主要产地。

2. 丽水绿茶以条索 _____、色泽 ____、香高持久、滋味浓爽、汤色 _____、叶底 _____ 的独特风格，以"____、____、____、____"四绝著称。

3. 因茶冲泡杯中，嫩芽直竖，亭亭玉立，似丽人起舞，故名"_____"。

4. 除了文中提到的三种绿茶名品，你能补充几种丽水当地的绿茶品牌吗？

_____

5. 无我茶会是一种"_____"的茶会，其举办成败与否，取决于是否体现了无我茶会的精神。

任务三　识绿茶之器

学习目标

1. 认识绿茶常用的茶器。
2. 掌握绿茶的茶礼。

趣闻轶事

陆羽与茶器

　　唐代饮茶之风盛行，饮茶由粗放煮茶进入精工煎茶阶段，于是茶具的艺术价值开始受到重视。茶圣陆羽在《茶经》"四之器"中列出了唐朝茶事所用的24种器具。

　　（1）风炉：为生火煮茶之用，以中国道家五行思想与儒家为国励志精神而设计，以锻铁铸之，或烧制泥炉代用。

　　（2）筥：以竹丝编织，方形，用以采茶。不仅要方便使用，而且编制美观，这是由于古人常自采自制自食而特意设置。

　　（3）炭挝：六棱铁器，长一尺，用以碎炭。

　　（4）火夹：用以夹炭入炉。

　　（5）釜：用以煮水烹茶。多以铁为之，唐代亦有瓷釜、石釜，富家用银釜。

　　（6）交床：木制，用以置放茶釜。

　　（7）纸囊：茶炙热后储存其中，不使泄其香。

　　（8）碾、拂末：前者碾茶，后者将茶拂清。

　　（9）罗、合：罗是筛茶的，合是贮茶的。

　　（10）则：有如现在的汤匙形，量茶之多少。

（11）水方：用以贮生水。

（12）漉水囊：用以过滤煮茶之水，有铜制、木制、竹制。

（13）瓢：杓水用，有用木制。

（14）竹荚：煮茶时环击汤心，以发茶性。

（15）鹾簋、揭：唐代煮茶加盐去苦增甜，前者贮盐花，后者杓盐花。

（16）熟盂：用以贮热水。唐人煮茶讲究三沸，一沸后加入茶直接煮；二沸时出现泡沫，杓出盛在熟盂之中；三沸将盂中之熟水再入釜中，称之为"救沸""育华"。

（17）碗：是品茗的工具，唐代尚越瓷，此外还有鼎州瓷、婺州瓷、岳州瓷、寿州瓷、洪州瓷。以越瓷为上品。唐代茶碗高足、偏身。

（18）畚：用以贮碗。

（19）扎：洗刷器物用，类似现在的炊帚。

（20）涤方：用以贮水洗具。

（21）渣方：汇聚各种沉渣。

（22）巾：用以擦拭器具。

（23）具列：用以陈列茶器，类似现代酒架。

（24）都篮：饮茶完毕，收贮所有茶具，以备再用。

 任务描述

　　小雅通过在茶园几个月的实习基本掌握了绿茶的相关知识，但一个好的茶艺师光掌握茶叶的知识是不够的，还应学会泡茶。让我们一起来学习冲泡绿茶的茶器和茶礼吧！

任务知识

一、绿茶的茶器

　　绿茶的茶器一般选用玻璃茶具与盖碗。玻璃茶具透明晶亮，冲泡后可欣赏杯中优雅的"茶舞"，观察到茶芽在水中缓缓舒展、游动、变幻的旖旎风

姿，故而品饮西湖龙井、洞庭碧螺春等名品绿茶，往往选用玻璃材质的杯子。但是玻璃杯在使用过程中有烫手和易碎的缺点，而且玻璃杯不能将茶水分离从而会影响茶叶的"味"。爱好炒青或烘青绿茶的人，可用盖碗瓷器泡茶。盖碗不仅保温性略好，还便于将茶叶拨至水旁，利于品饮。常用茶具如图1.3所示。

茶具	图片
茶盘	
茶巾	
自动上水壶	
茶道组	

图 1.3 常用的茶具

二、玻璃杯泡

世界上最早的玻璃制造者为古埃及人。玻璃的出现与使用在人类的生活里已有四千多年的历史，古埃及的遗迹里，曾有小玻璃珠出土。

12世纪，出现了商品玻璃，并开始成为工业材料。18世纪，为适应制望远镜的需要，制出光学玻璃。1874年，比利时首先制出平板玻璃。1906年，美国制出平板玻璃引上机。此后，随着玻璃生产的工业化和规模化，各种用途和各种性能的玻璃相继问世。现代的玻璃已成为日常生活、生产和科学技术领域的重要材料。

玻璃是梵语，又作颇黎，新译作颇置迦、娑颇致迦、塞波致迦等，相当于此方之水精（晶）。汉译作水晶，有紫、白、红、碧四色。《玄应音义》曰："颇黎，西国宝名也，此云水玉，或云白珠。"《大论》云："此宝出山石窟中，过千年，冰化为颇黎珠。"《慧苑音义》云此宝："形如水精，光莹精妙于水精，有黄、碧、紫、白四色差别。"明代李时珍《本草纲目》："玻璃，本作颇黎。颇黎国名也。其莹如水，其坚如玉，故名水玉。与水精同名。"

几百年来，人们一直认为玻璃是绿色的，是无法改变的。后来发现绿色来自原料中少量的铁，二价铁的化合物使得玻璃显绿色。在加入二氧化锰以后，原来的二价铁变成三价铁显黄色，而四价锰被还原成三价锰呈紫色。光学上，黄色和紫色在一定程度上可以互补，混合在一起成为白光，玻璃就不偏色了。不过若干年后，三价锰被空气继续氧化，黄色会逐渐增强，所以那些古老房屋的窗玻璃会略微带点黄色。

玻璃茶具古称琉璃茶具，是由一种有色半透明的矿物质制作而成的容器。其色泽鲜艳，光彩照人。由于玻璃茶具可直观杯中泡茶的过程，茶汤的鲜艳色泽，茶叶的细嫩柔软，茶叶在冲泡过程中上下浮动，叶片的逐渐舒展等，都可以一览无余，可以说这是一种动态的艺术欣赏，更增加品味之趣。

绿茶茶叶在水中的缓慢舒展、游动、变幻过程，人们称为"茶舞"（见图1.4）。特别是冲泡细嫩名茶，茶具晶莹剔透，杯中轻雾缥缈，澄清碧绿，芽叶朵朵，亭亭玉立，观之赏心悦目，别有风趣。玻璃茶具的最大特点是质地透明，光泽夺目，可塑性强，造型多样，价格低廉，深受消费者欢迎。其缺点

图1.4 "茶舞"

是传热快，易烫手且易碎。

 **知识链接**

茶与茶礼

北方大户之家，有所谓"敬三道茶"之礼。有客来，延入堂屋，主人出室，先尽宾主之礼，然后命仆人或子女献茶。

第一道茶，一般说，只是表明礼节，讲究的人家，并不真的非要你喝。这是因为，主客刚刚接触，洽谈未深，而茶本身精味未发，或略品一口，或干脆折盏。

第二道茶，便要细尝。这里，主客谈兴正浓，情谊交流，茶味正好，边饮边谈，茶助谈兴，水通心曲，所以正是以茶交流感情的时刻。

待到第三次将水冲下去，再斟入杯，客人便可能表示告辞，主人也起身送客了。因为，礼仪已尽，话也谈得差不多了，茶味也淡了。当然，若是密友促膝畅谈，终日方休，一壶两壶，尽情饮来，自然没那么多讲究。

中国江南一带还保持着宋元间民间饮茶附以果料的习俗，有客来，要以最好的茶与其他食品表示各种祝愿与敬意。湖南待客敬生姜、豆子、芝麻茶。客人新至，必献茶于前，茶汤中除茶叶外，还泡有炒熟的黄豆、芝麻和生姜片。喝干茶水还必须嚼食豆子、芝麻和茶叶。吃这些东西忌用筷子，多以手拍杯口，利用气流将其吸出。湖北阳新一带，乡民平素并不常饮茶，皆以白水解渴。但有客来则必捧上一小碗冲的爆米花茶，若加入麦芽糖或金果数枚，敬意尤重。江南一带，春节时有客至家，要献元宝茶。

小试牛刀

站姿是茶馆茶艺服务人员的基本功，你能根据以下要点练习茶艺的站姿吗？

站姿的基本要求：

站姿就相当于舞台上的亮相，非常重要。站立时，身体要端正，收腹、挺胸、提臀，眼睛平视，下巴微收，嘴巴微闭，面带微笑，平和自然，双臂自然下垂或在丹田处交叉，右手放在左手上。一个亭亭玉立的站姿，不管在品茗服务区或是在表演台上，都能体现茶艺服务人员的整体美感，都能给茶客以一道亮丽的风景线。

女性表演者的站姿要求是：双脚并拢，身体保持挺直，头部上顶，下颌微收，双目平视，两肩放松，双手虎口交叉，且右手置于左手之上，叠放到腹前。

男性表演者的要求是：双脚呈外八字稍微分开，身体保持挺直，头部上顶，下颌微微收敛，双目平视，两肩放松，双手虎口交叉，且左手置于右手之上，叠放在小腹部。

身体力行

请用导游的语言向大家介绍一款绿茶的茶器。

课外拓展

1. 玻璃茶具古称 _____，是由一种有色半透明的矿物质制作而成的容器。

2. 品茗特别讲究"_____、_____、_____、_____"

3. 观察绿茶茶叶在水中的缓慢舒展、游动、变幻过程，人们称其为"_____"

4. 盖碗是一种上有盖、下有托，中有碗的茶具，又称"_____""_____"，盖为 ____、托为 ____、碗为 ____，暗含天地和之意。

任务四　习绿茶之艺

 学习目标

1. 熟悉绿茶的冲泡流程和主要手法。
2. 能对绿茶的品饮茶艺进行解说。

趣闻轶事

中国的茶点文化

中国历来在喝茶时就有搭配茶点的习惯。茶点是在饮茶的过程中佐茶的点心。它的分量小，但是制作精细，样式精雅。

古时候，茶点又被称为茶果，最早在王世几的《晋中兴书》中出现。书中记载了陆纳节俭的故事，说："……纳所设唯茶果而已。"作为喝茶时的最佳伴侣，茶点和茶的搭配历来都很讲究，归结起来大概有以下几点：

（1）形式美。因为喝茶本身就是要给人一种美的享受，所以和茶搭配的茶点更要讲究形式美。首先，茶点本身要美，要有漂亮的颜色，美丽的外形，否则就会破坏喝茶的氛围。其次，不同的茶点在搭配上要注意外形、颜色能否给人带来视觉享受。最后，茶点的种类要多，并且要注意不同茶点在数量上的搭配，不能太多，也不能过少。

（2）适应茶性。众所周知，不同的茶要搭配不同的茶点，如用各式甜糕、凤梨酥等配绿茶；用水果、柠檬片、蜜饯等配红茶；用瓜子、花生米、橄榄等配乌龙茶等。上述的搭配方法用一句话来形容就是"甜配绿、酸配红、瓜子配乌龙"。

（3）具有品尝性。品茶，很多时候品的不仅仅是茶，还有茶点。

因为茶点应该具有品尝性。如榴莲酥，酥皮薄如蝉翼，表面略有清油，轻轻咬开榴莲酥那薄薄的外层，就像吃到了一颗刚剥开的榴莲，浓郁的香味在舌尖上泛起。

以上，就是茶和茶点搭配的原则。好茶只有配对茶点，才能真正给人以享受。

任务描述

经过在茶园半年的实习和实践，小雅终于如愿获得了茶园的工作。这天，她迎来了第一批从北京来的客人。小雅今天的任务是好茶迎贵宾，给来自北京的客人冲泡一杯绿茶。让我们一起拭目以待吧！

任务知识

一、绿茶冲泡的三要素

想要更好地享用茶，就要学会冲泡茶。茶饮不同，冲泡的方法也不同。泡茶技术包括三个要素：第一是茶叶用量，第二是泡茶水温，第三是冲泡时间。

1. 茶的用量

要泡好一杯绿茶，首先要掌握好茶叶的用量。茶叶的用量并没有统一的标准，主要是根据茶具以及饮茶者的爱好而定。要掌握好茶与水的比例，茶多水少，则味浓；茶少水多，则味淡，所以茶的用量是绿茶泡法的要素之一。一般来说，茶与水的比例，大致掌握在 1∶50 ～ 1∶60，即每杯放 3 克左右的干茶，加入沸水 150 ～ 200 毫升。

2. 泡茶水温

专业的饮茶人对泡茶水温十分讲究。泡茶水温，主要据泡饮茶而定，如果是高级绿茶，特别是各种芽叶细嫩的名茶，适宜用 80℃的水冲泡。这通常是指将水烧开之后（水温达 100℃），再冷却至所要求的温度；如果是无菌生水，则只要烧到所需的温度即可。

3. 冲泡时间和次数

绿茶冲泡的时间和次数差异很大，第一泡为 1 分钟就要倒出来，第二泡为 1 分 15 秒，第三泡为 2 分 15 秒，第四泡为 2 分 15 秒。也就是说，从第二泡开始逐渐增加冲泡时间，这样前后茶汤浓度才比较均匀。通常以冲泡 3 次为宜。

二、绿茶的冲泡流程

绿茶是中国内销的最大宗茶类，其花色品种非常丰富，以春茶品质最佳。泡饮名优绿茶应重点欣赏其色绿、形美、汤鲜及新茶香。茶叶的冲泡一般只需要备具、备茶、备水。茶经沸水冲泡即可饮用。但要把茶固有的色香味充分发挥出来，冲泡要讲技巧，要根据茶的不同特性应用不同的冲泡技艺和方法才行。泡茶的具体操作，据茶条的松紧不同，分三种冲泡法。

1. 上投法

冲泡外形紧结重实的名茶，如龙井、碧螺春、都匀毛尖、蒙顶甘露、庐山云雾、福建莲芯、凌云白毫、涌溪火青、高桥银峰、苍山雪绿等，适用"上投法"。即洗净茶杯后，先将 85 ~ 90℃开水冲入杯中，然后取茶投入，一般不须加盖，茶叶便会自动徐徐下沉，但有先有后，有的直线下沉，有的则徘徊缓下，有的上下沉浮后降至杯底；干茶吸收水分，逐渐展开叶片，现出一芽一叶、二叶，单芽单叶的生叶本色，芽似枪、剑，叶如旗；汤面水气夹着茶香缕缕上升，如云蒸霞蔚，趁热嗅闻茶汤香气，令人心旷神怡；观察茶汤颜色，或黄绿碧清，或乳白微绿，或淡绿微黄……隔杯对着阳光透视，还可见到汤中有细细茸毫沉浮游动，闪闪发光，星斑点点。茶叶细嫩多毫，汤中散毫就多，此乃嫩茶特色。这个过程称为湿看。待茶汤凉至适口，品尝茶汤滋味，宜小口品啜，缓慢吞咽，让茶汤与舌头味蕾充分接触，细细领略名茶的风韵。此时舌与鼻并用，可从茶汤中品出嫩茶香气，顿觉沁人心脾。此谓一开茶，着重品尝茶的头开鲜味与茶香，饮至杯中茶汤尚余三分之一水量时（不宜一开全部饮干），再续加开水，谓之二开茶。如若泡饮茶叶肥壮的名茶，二开茶汤正浓，饮后舌本回甘，余味无穷，齿颊留香，身心舒畅。饮至三开，一般茶味已淡，续水再饮就显得淡薄无味了。

2. 中投法

泡饮茶条松展的名茶，如六安瓜片、黄山毛峰、太平猴魁、舒城兰花等，如用"上投法"，茶叶浮于汤面不易下沉，适用"中投法"，即在欣赏干茶以后，取茶入杯，冲入 90℃开水至杯容量的三分之一时，稍停两分钟，待干茶吸水伸展后再冲水至满，此时茶叶或徘徊飘舞下沉，或沉浮游移，观其茶形动态，别具茶趣。

3. 下投法

普通绿茶适用"下投法"。下投法指按茶和水的用量之比，用茶匙取适量茶叶，置入茶杯（壶、盏），将适量的开水高冲入杯，泡成一杯浓淡适宜、鲜爽可口的香茗（见图 1.5）。采用下投法泡茶，操作比较简单，茶叶舒展较快，茶汁容易浸出，茶香透发完全，而且整杯茶浓淡均匀。因此，有利于提高茶汤的色、香、味，常为茶艺界所采用。

图 1.5　下投法冲泡

最早记载壶泡绿茶法的是明代张源《茶录》一书，比较详细地介绍了当时用茶壶冲泡绿茶的方法。明代陈师著《茶考》一书记载了最早的杯泡绿茶法："杭俗烹茶，用细茗置茶瓯，以沸汤点之，名这撮泡。"现在，常用无盖的茶杯、茶碗冲泡，以免盖将茶叶闷黄，也便于闻香。

下面介绍的"浸润冲泡法"（见表 1.1），在沸汤冲泡前增加了浸润泡过程，使茶叶充分舒展，让品茗者在头泡时便能深切体味新茶真味。这一冲泡法适用于各种名优绿茶的冲泡。

表 1.1　浸润冲泡法

序号	流程	流程详情
1	备具	将三只玻璃杯杯口向下置杯托内，成直线状摆在茶盘斜对角线位置；茶盘左上方摆放茶样罐；中下方置茶巾盘（内置茶巾），上叠放茶荷及茶匙；右下角放水壶。摆放完毕后覆以大块的泡茶巾（防灰，美观），置桌面备用

序号	流程	流程详情
2	备水	尽可能选用清洁的天然水。有条件应安装水过滤设施。家庭可用自汲泉水或购买瓶装泉水。急火煮水至沸腾，冲入热水瓶备用。泡茶前先用少许开水温壶，再倒入煮开的水贮存。这一点在气温较低时十分重要，温热后的水壶贮水可避免水温下降过快（开水壶中水温应控制在85℃左右）
3	布具	分宾主落座后，冲泡者揭去泡茶巾叠放在茶盘右侧桌面上；双手将水壶移到茶盘右侧桌面；将茶荷、茶匙摆放在茶盘后方左侧，茶巾叠放在茶盘后方右侧；将茶样罐放到茶盘左侧上方桌面上；双手按从右到左的顺序将茶杯翻正
4	置茶	用前文介绍的茶荷、茶匙置茶手法，用茶匙将茶叶从茶样罐中拨入茶荷中，再分放各杯中。一般的茶水比例为1克：50毫升，每杯用茶叶2～3克。最后盖好茶样罐并复位
5	赏茶	双手将玻璃杯奉给来宾，请来宾欣赏干茶外形、色泽及嗅闻干茶香，赏毕按原顺序双手收回茶杯
6	浸润泡	以回转手法向玻璃杯内注入少量开水（水量为杯子容量的1/4左右），目的是使茶叶充分浸润，促使可溶物质析出。浸润泡时间约20～60秒，可视茶叶的紧结程度而定
7	摇香	左手托住茶杯杯底，右手轻握杯身基部，运用右手手腕逆时针转动茶杯，左手轻搭杯底做相应运动。此时杯中茶叶吸水，开始散发出香气。摇毕可依次把茶杯奉给来宾，敬请品评茶之初香。随后依次收回茶杯
8	冲泡	双手取茶巾，斜放在左手手指部位；右手执水壶，左手以茶巾托在壶底，双手用凤凰三点头手法，高冲低斟将开水冲入茶杯，应使茶叶上下翻动。不用茶巾时，左手半握拳搭在桌沿，右手执水壶单手用凤凰三点头手法冲泡。这一手法除具有礼仪内涵外，还有利用水的冲力来均匀茶汤浓度的效果。冲泡水量控制在总容量的七成即可，一则避免奉茶时溢洒的窘态，二则向来有"浅茶满酒"之说，七分茶三分情之意
9	奉茶	双手将泡好的茶依次敬给来宾。这是一个宾主融洽交流的过程，奉茶者行伸掌礼示意用茶，接者点头微笑表示谢意，或答以伸掌礼。
10	品饮	接过一杯春茗，观其汤色碧绿清亮，闻其香气清如幽兰；浅啜一口，茶汤由舌尖温至舌根，轻轻的苦、微微的涩，然而细品却似甘露
11	续水	奉茶者应该留意，当品饮者茶杯中只余1/3左右茶汤时，就该续水了。续水前应将水壶中未用尽的温水倒掉，重新注入开水。温度高一些的水才能使续水后茶汤的温度保持在80℃左右，同时保证第二泡的浓度。一般每杯茶可续水两次（或应来宾的要求而定），续水仍用凤凰三点头手法
12	复品	名优绿茶的第二、三泡，如果冲泡者能将茶汤浓度与第一泡保持相近，则品者可进一步体会茶甘甜回味，当然鲜味与香味略逊一筹。第三道茶淡若微风，静心体会，这个淡绝非寡淡，而是冲淡之气的淡
13	净具	每次冲泡完毕，应将所用茶器具收放原位，对茶壶、茶杯等使用过的器具一一清洗，提倡使用消毒柜进行消毒，这一点对于营业性茶艺馆而言更为重要。净具毕盖上泡茶巾以备下次使用

三、绿茶冲泡的主要手法

1. 凤凰三点头

"凤凰三点头"是茶艺中的一种传统礼仪，是对客人表示敬意，同时也表达了对茶的敬意；是泡茶技和艺结合的典型，是多用于冲泡绿茶、红茶、黄茶、白茶中高档茶的冲泡技法。

凤凰三点头的冲泡要领是高提水壶，让水直泻而下，接着利用手腕的力量，上下提拉注水，反复三次，让茶叶在水中翻动。凤凰三点头不仅是泡茶本身的需要，还可显示冲泡者的姿态优美，更是中国传统礼仪的体现。三点头像是对客人鞠躬行礼，是对客人表示敬意，同时也表达了对茶的敬意。

凤凰三点头最重要在于轻提手腕，手肘与手腕平，便能使手腕柔软有余地。所谓水声三响三轻、水线三粗三细、水流三高三低、壶流三起三落都是靠柔软的手腕来完成。手腕柔软之中还需有控制力，才能达到同响同轻、同粗同细、同高同低、同起同落的精到手法。最终结果才会看到每碗茶汤完全一致。

凤凰三点头寓意三鞠躬，表达主人对客人有敬意、善心，因此手法宜柔和，不宜刚烈；不能以表演或做作心态去对待，才会心神合一，做到更佳。

2. 悬壶高冲法

所谓悬壶高冲是指在向茶壶（罐）冲入开水时着意地提高煮水壶注水。悬壶高冲是茶艺过程中必不可少的重要环节，其操作紧跟润茶之后，顺手提起煮水壶（如随手泡）向茶壶开展正式冲泡；悬壶高冲又是茶艺中艺术表现的重要手法或形式。泡茶冲水似乎很简单，但要使看起来很简单的冲水成为艺术表现形式，让顾客获得较强烈的艺术感染，却是不易做到的。悬壶高冲还是科学技法的应用，起到适当地调低水温和翻动壶内茶叶作用。

悬壶高冲的意义主要表现在两方面。其一，提升茶艺的艺术氛围。这是悬壶高冲的主要目的，就泡茶效果而言，冲水可大可小，可高可低，为什么要悬壶高冲呢？无疑艺术表现是最主要的，从而创造较高的艺术意境，营造较高的艺术氛围。正因于此，悬壶高冲过程都很注重艺术表现形式，如凤凰三点头等。其二，科学地泡好茶。之所以说科学地泡好茶，有两方面作用：一是适当地调低水温，泡茶水温因不同茶类有所差异，唐代煮茶就有"二沸"为佳之说，由于现有的电热煮水器都设置为100℃，适当调低是需要的，即使是乌龙茶，适宜的水温可将茶的水浸出物合理地浸出，滋味不过于浓涩也不淡薄；二是高冲可使壶内的茶叶翻动，均匀地受浸，水浸出物均匀地溶解，避免壶内上层茶叶已浸至无味，下层茶叶仍处于初始阶段。

四、绿茶品饮茶艺解说词（以丽水香茶为例）

各位贵宾大家好，欢迎来到秀山丽水养生福地。"世界绿茶看浙江，浙江绿茶丽水香"，今天有缘欢聚一堂，首先向各位亲友表示真挚的问候，在此为各位贵宾泡一杯丽水香茶表示我深深的祝福！

第一道，"焚香除妄念"。

俗话说："泡茶可修身养性，品茶如品味人生。"古今品茶都讲究要平心静气。

第二道，"冰心去凡尘"。

茶，至清至洁，是天涵地育的灵物，泡茶要求所用的器皿也必须至清至洁。用开水再烫一遍本来就干净的玻璃杯，做到茶杯冰清玉洁，一尘不染。

第三道，"玉壶养太和"。

绿茶属于芽茶类，茶叶细嫩，若用滚烫的开水直接冲泡，会破坏茶芽中的维生素并造成熟汤失味，只宜用80℃的开水。"玉壶养太和"是把开水壶中的水预先倒入瓷壶中养一会儿，使水温降至80℃左右。

第四道，"清宫迎佳人"。

苏东坡有诗云："戏作小诗君勿笑，从来佳茗似佳人。"用茶匙把茶叶投放到冰清玉洁的玻璃杯中。

第五道，"甘露润莲心"。

好的丽水香茶外观如莲心，乾隆皇帝把茶叶称为"润心莲"。在开泡前先向杯中注入少许热水，起到润茶的作用。

第六道，"凤凰三点头"。

冲泡绿茶时也讲究高冲水，在冲水时水壶有节奏地三起三落，好比是凤凰点头致意。

第七道，"碧玉沉清江"。

冲入热水后，香茶先是浮在水面上，而后慢慢沉入杯底，我们称之为"碧玉沉清江"。

第八道，"仙人捧玉瓶"。

传说中仙人捧着一个瓶，瓶中的甘露可消灾祛病，救苦救难。茶艺师把泡好的茶敬奉给大家意在祝福好人一生平安（见图1.6）。

第九道，"春波展旗枪"。

这道程序是绿茶茶艺的特色程序。杯中的热水如春波荡漾，在热水的浸泡下，茶芽慢慢地舒展开来，尖尖的叶芽如枪，展开的叶片如旗。一芽一叶的称为旗枪，一芽两叶的称为雀舌。在品香茶之前先观赏在清碧澄净的茶水中，千姿百态的茶芽在玻璃杯中移动，好像生命的绿精灵在舞蹈，十分生动有趣。

图1.6　敬茶

第十道，"慧心悟茶香"。

品绿茶要一看、二闻、三品味，在欣赏"春波展旗枪"之后，要闻一闻茶香。绿茶与花茶、乌龙茶不同，它的茶香更加清幽淡雅，必须用心灵去感悟，才能够闻到那春天的气息，以及清醇悠远、难以言传的生命之香。

第十一道，"淡中品致味"。

丽水香茶的茶汤清纯甘鲜，淡而有味，它虽然不像红茶那样浓艳醇厚，也不像乌龙茶那样酽厚醉人，但是只要你用心去品，就一定能从淡淡的绿茶香中品出天地间至清、至醇、至真、至美的韵味来。

丽水香茶是丽水特有的绿茶品质，入口留香，口感鲜醇，希望丽水之行能给大家留下美好回忆，谢谢大家！

知识链接

茶诗妙句

红黍饭溪苔，清吟茗数杯。——唐·贯休《桐江闲居作》

空堂坐相忆，酌茗聊代醉。——唐·孟浩然《清明即事》

藕折莲芽脆，茶挑茗眼鲜。——唐·章孝标《思越州山水寄朱庆余》

淡烹新茗爽，暖泛落花轻。——唐·郑谷《西蜀净众寺松溪八韵兼寄小笔崔处士》

萸房暗绽红珠朵，茗碗寒供白露芽。——唐·令狐楚《奉和严司空重阳日同崔常侍》

桂凝秋露添灵液，茗折香芽泛玉英。——唐·李绅《别石泉》

甘瓜剖绿出寒泉，碧瓯浮花酌春茗。——唐·萧祐《游石堂观》

青峰晓接鸣钟寺，玉井秋澄试茗泉。——唐·唐彦谦《拜越公墓因游定水寺有怀源老》

溪浮箬叶添醅绿，泉绕松根助茗香。——唐·许浑《湖州韦长史山居》

尝频异茗尘心净，议罢名山竹影移。——唐·黄滔《宿李少府园林》

浓茗洗积昏，妙香净浮虑。——宋·苏轼《雨中过舒教授》

雪花雨脚何足道，啜过始知真味永。——宋·苏轼《和钱安道寄惠建茶》

且学公家作茗饮，砖炉石铫行相随。——宋·苏轼《试院煎茶》

前人初用茗饮时，煮之无问叶与骨。——宋·苏轼《次韵黄夷仲茶磨》

茗碗分云微醉后，纹楸斜倚鬓鬟偏。——宋·向子諲《浣溪沙》

熏炉茗碗是家常，客来长揖对胡床。——宋·张元干《浣溪沙》

小试牛刀

请分小组进行绿茶冲泡练习。

身体力行

请练习绿茶品饮的解说词。

课外拓展

1.泡茶技术包括三个要素：第一是 _____，第二是 _____，第三是 _____。

2.茶与水的比例，大致掌握在 _____，即每杯放 ____ 克左右的干茶，加入沸水 _____ 毫升。

3.要求手持水壶往茶杯中注水，采用 _____ 的手势，使注入的热水冲动茶叶，上下浮动，茶汁也易泡出。

项目二 走进丽水黄茶

任务一 知黄茶之源

 **学习目标**

1. 了解黄茶的工艺。

2. 了解黄茶的特性。

3. 熟悉黄茶的名品。

趣闻轶事

乾隆江南品黄茶

说起乾隆皇帝，人们就会自然地联想到他下江南的故事。可是在这些故事中，人们还很少知道乾隆与君山茶叶的不解之缘。

相传，当年乾隆皇帝游江南时来到岳阳，登上千古名楼十分高兴，当即挥毫泼墨，赋诗一首："百尺高楼雉堞临，洞庭胜概目前寻。临风把酒自怡性，去国怀乡熟苦吟。尚觉蝇头易为笔，竟如蚁目细标针。先忧后乐仲演记，至语真先获我心。"次日，乾隆又泛舟洞庭，登上君山，并品尝了君山茶。当他看到柳井水冲泡的君山茶水色清冽、香气四溢，乾隆大悦，赞不绝口，当即封银针茶为御茶。虽然这是民间传说，但同治《巴陵县志》对君山贡茶进行了记载："君山贡茶，自国朝乾隆四十六年始，每岁贡十八斤。谷雨前，知县遣人监山僧采制一旗一枪，白毛茸然，俗呼白毛尖。"

乾隆皇帝是一位品茗斗茶的行家，晚年他更是嗜茶如命。在乾隆做满 60 年皇帝传给嘉庆之后，就到御花园度晚年去了。御花园里有他专门饮茶的亭阁，并有纳贡的君山银针、西湖龙井、铁观音等。他也常去精心斋（今北海公园内）品饮君山银针，那里有幽静的书斋，烹茗的茶室，乾隆在皎洁的月光下，清爽的秋风里，挺拔的长楸树边，听潺潺流水，煮泉烹茗。君山茶产于唐代，而君山银针盛名于清朝，恐怕与乾隆皇帝纳君山茶为贡茶有着密切的关系。

任务描述

对于黄茶，了解的人相对不多。在茶馆中，来自哈尔滨的客人入座后，看了看茶单，问茶艺师什么是黄茶，于是茶艺师建议客人品尝一下黄茶。客人同意了，决定点黄茶。作为茶艺师此时该如何向客人介绍呢？

任务知识

黄茶是我国的特产。黄茶是人们在炒青绿茶中发现，由于杀青、揉捻后干燥不足或不及时，叶色即变黄，后经过工艺改良，产生了新的品类——黄茶。黄茶属轻发酵茶，制作与绿茶有相似之处，不同点是多一道闷堆工序，这种闷堆渥黄工序，使黄茶具有"黄叶黄汤"的特点。黄茶芽叶细嫩，显毫，香味鲜醇。黄茶中富含茶多酚、氨基酸、可溶糖、维生素等丰富的营养物质。此外，黄茶鲜叶中天然物质保留有 85% 以上，而这些物质对防癌、抗癌、杀菌、消炎均有特殊效果。黄茶可分为黄大茶、黄小茶和黄芽茶三类（见图 2.1）。

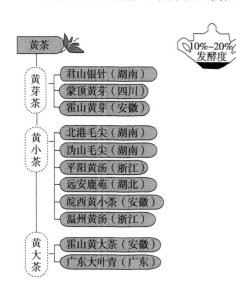

图 2.1　黄茶的种类

一、黄茶的工艺

黄茶的制作特点主要是闷黄过程，利用高温杀青破坏酶的活性，其后在湿热作用下多酚物质发生氧化，并产生一些有色物质。其制作流程如图 2.2 所示。

图 2.2 黄茶的工艺

1. 杀青

在正常天气下，一般采取自然萎凋。鲜叶杀青应掌握"高温杀青，先高后低"的原则，以彻底破坏酶活性，防止产生红梗，红叶和烟焦味。要杀透、杀匀，红梗、红叶、红汤不符合黄茶的质量要求。与同等嫩度的绿茶相比较，某些黄茶杀青投叶量偏多，锅温偏低，时间偏长。这就要求杀青时适当地少抛多闷，以迅速提高叶温，彻底破坏酶的活性。杀青过程中，由于叶子处于湿热条件下时间较长，叶色略黄，可见杀青过程已产生轻微的闷黄现象。至于杀青程度与绿茶无多大差异，某些黄茶在杀青后期，因结合滚炒轻揉做形，出锅时含水率则低一些。

2. 揉捻

黄茶揉捻可以采用热揉，在湿热条件下易揉捻成条，也不影响品质。同时，揉捻后叶温较高，有利于加速闷黄过程。

3. 闷黄

闷黄是黄茶类制茶工艺的特点，是形成黄叶黄汤品质特点的关键工序。从杀青开始至干燥结束，都可以为茶叶的黄变创造适当的湿热工艺条件。但作为一个制茶工序，有的在杀青后闷黄，如伪山白毛尖；有的在揉捻后闷黄，如北港毛尖、鹿苑毛尖、广东大叶青、温州黄汤；有的则在毛火后闷黄，如霍山黄芽、黄大茶；还有的闷炒交替进行，如蒙顶黄芽三闷三炒；有的则是烘闷结合，如君山银针二烘二闷；而温州黄汤第二次闷黄采用了边烘边闷，故称为"闷烘"。

影响闷黄的因素主要是茶叶的含水量和叶温。含水量愈多，叶温愈高，则湿热条件下的黄变进程也愈快。

闷黄时理化变化速度较缓慢, 不及黑茶渥堆剧烈, 时间也较短, 故叶温不会有明显上升。制茶车间的温度, 闷黄的初始叶温, 闷黄叶的保温条件, 对叶温影响较大。为了控制黄变进程, 通常要趁热闷黄, 有时还要用烘、炒来提高叶温, 必要时也可通过翻堆散热来降低叶温。

闷黄过程要控制叶子含水率的变化, 要防止水分的大量散失, 尤其是湿坯堆闷要注意相对湿度和通风状况, 必要时应盖上湿布以提高局部湿度和阻止空气流通。

闷黄时间长短与黄变要求、含水率、叶温密切相关。在湿坯闷黄的黄茶中, 温州黄汤的闷黄时间长 (2 ~ 3 天), 最后还要进行闷烘, 黄变程度较充分; 北港毛尖的闷黄时间最短 (30 ~ 40 分钟), 黄变程度不够重, 因而常被误认为是绿茶, 造成黄 (茶) 绿 (茶) 不分; 沩山白毛尖、鹿苑毛尖、广东大叶青则介于上述两者之间, 闷黄时间 5 ~ 6 小时。君山银针与蒙顶黄芽闷黄和烘炒交替进行, 不仅制工精细, 且闷黄是在不同含水率条件下分阶段进行的, 前期黄变快, 后期黄变慢, 历时 2 ~ 3 天, 属于典型的黄茶。霍山黄芽在初烘后摊放 1 ~ 2 天, 黄变不甚明显, 所以有人说霍山黄芽应属绿茶。近年来, 新创制的霍山翠 (绿) 芽, 成为名优茶中的一个新产品。这样黄芽、绿芽同出霍山, 品质风格各异, 可能就不会 "黄绿不分" 了。黄大茶堆闷时间长达 5 ~ 7 天之久, 但由于堆闷时水分含量低 (已达九成干), 故黄变十分缓慢, 其深黄显褐的色泽, 主要是在高温拉老火过程中形成的。

4. 干燥

一般采用分次干燥。干燥方法有烘干和炒干两种。干燥时温度掌握比其他茶类偏低, 且有先低后高之趋势。这实际上是使水分散失速度减慢, 在湿热条件下, 边干燥、边闷黄。沩山白毛尖的干燥技术与安化黑茶相似; 霍山黄芽、皖西黄大茶的烘干温度先低后高, 与六安瓜片的火功同出一辙。尤其是皖西黄大茶, 拉足火过程温度高、时间长, 色变现象十分显著, 色泽由黄绿转变为黄褐, 香气、滋味也发生明显变化, 对其品质风味形成产生重要的作用。与闷黄相比, 其黄变程度是有过之而无不及。

二、黄茶的品质特点

黄茶芽叶细嫩，显毫，香味鲜醇；黄茶的品质特点是黄汤黄叶；制法特点主要是闷黄过程，利用高温杀青破坏酶的活性，其后多酚物质的氧化作用则是由于湿热作用引起，并产生一些有色物质。变色程度较轻的，是黄茶；程度重的，则形成了黑茶。比如，君山银针茶，采用的全是肥壮的芽头，制茶工艺精细，分杀青、摊放、初烘、复摊、初包、复烘、再摊放、复包、干燥、分级等十道工序。加工后的君山银针茶外表披毛，色泽金黄光亮（见图 2.3）。

图 2.3　君山银针茶

三、黄茶的名品

1. 君山银针

君山银针是传统名茶，中国十大名茶之一，产于湖南岳阳洞庭湖中的君山，形细如针，故名君山银针。其成品茶芽头苗壮，长短大小均匀，茶芽内面呈金黄色，外层白毫显露完整，而且包裹坚实，茶芽外形很像一根根银针，雅称"金镶玉"。有诗云："金镶玉色尘心去，川迥洞庭好月来。"君山茶历史悠久，唐代就已生产、出名。据说文成公主出嫁时就选了君山银针茶带入西藏。

君山银针的传说

传说在唐代的时候，君山银针茶当时并不是叫这个名字，而是叫作白鹤茶。唐朝初年，在君山岛上住着一个被人们称为白鹤仙人的修仙道士。他之前都在云游八方，后来偶然得到了仙人们赠送的茶苗。之后白鹤仙人被君山岛上的风景所吸引，遂定居于此，修建了白鹤道观，并挖了一口井，叫白鹤井。白鹤真人将茶苗种植在道观中，用白鹤井的井水浇灌，等其成熟后，采叶制茶。冲泡此茶也是用白鹤井中的井水。在冲泡时，茶香浓郁，烟雾升起，一只白鹤随着水汽冲天而去。因此人们就将此茶称为白鹤茶。后来此事被天子知晓，天子十分欣喜，就命人将白鹤茶与白鹤井水作为贡品进贡。

2. 蒙顶黄芽

蒙顶黄芽，是芽形黄茶之一，产于四川省雅安市蒙顶山。蒙顶茶栽培始于西汉，距今已有二千年的历史，古时为贡品供历代皇帝享用，中华人民共和国成立后曾被评为全国十大名茶之一。蒙顶黄芽外形扁直，芽条匀整，色泽嫩黄，芽毫显露，花香悠长，汤色黄亮透碧，滋味鲜醇回甘，叶底全芽嫩黄。春分时，茶树上有10%的芽头鳞片展开，即可开园采摘。选圆肥单芽和一芽一叶初展的芽头，经复杂制作工艺，使成茶芽条匀整，扁平挺直，色泽黄润，金毫显露；汤色黄中透碧，甜香鲜嫩，甘醇鲜爽，为黄茶之极品。

蒙顶黄芽的传说

相传，古时候青衣江有条仙鱼，经过千年修炼成了一个美丽的仙女。仙女扮成村姑，在蒙山玩耍，拾到几颗茶籽，这时正巧碰见一个采花的青年，名叫吴理真，两人一见钟情。鱼仙掏出茶籽，赠送给吴理真，订了终身，相约在来年茶籽发芽时，鱼仙就前来和理真成亲。鱼仙走后，吴理真就将茶籽种在蒙山顶上。

第二年春天，茶籽发芽了，他们如约成亲。两人成亲之后，相亲相爱，共同劳作，培育茶苗。鱼仙解下肩上的白色披纱抛向空中，顿时白雾弥漫，笼罩了蒙山顶，滋润着茶苗，茶树越长越旺。鱼仙生下一儿一女，每年采茶制茶，生活倒也美满。但好景不长，鱼仙偷离水晶宫、私与凡人婚配的事，被河神发现了。河神下令鱼仙立即回宫。天命难违，无奈何，鱼仙只得忍痛离去。临走前，嘱咐儿女要帮父亲培植好满山茶树，并把那块能变云化雾的白纱留下，让它永远笼罩蒙山，滋润茶树。吴理真一生种茶，活到八十，因思念鱼仙，最终投入古井而逝。

　　后来有个皇帝，因吴理真种茶有功，追封他为"甘露普慧妙济禅师"。蒙顶茶因此世代相传，年年进贡。贡茶一到，皇帝便下令派专人去扬子江取水。取水人要净身焚香，午夜驾小船至江心，用锡壶沉入江底，灌满江水，快马送到京城，煮沸冲沏那珍贵的蒙顶茶。皇帝以茶先祭列祖列宗，然后与朝臣分享。

3. 霍山黄芽

　　霍山黄芽产于安徽省霍山县大化坪镇、太阳乡金竹坪，为中国名茶之一。该茶外形条直微展，匀齐成朵、形似雀舌、嫩绿披毫，清香持久，滋味鲜醇回甘，汤色黄绿清澈明亮，叶底嫩黄明亮。唐朝李肇《国史补》把黄芽列为14品目贡品名茶之一。自唐至清，霍山黄芽都被列为贡茶。据农业部茶叶质量检测中心检测显示，霍山黄芽的香气成分共有46种之多，同时还富含氨基酸、茶多酚、咖啡因等生化成分，具有降脂减肥、护齿明目、改善肠胃功能、增强免疫力等功效。

<h3 style="text-align:center">霍山黄芽的传说</h3>

　　六安州志载：明时六安贡茶制定于未分霍山县之前原额茶二百袋，霍山办茶一百七十五袋。霍山县志载明人曹琥《注黄芽茶疏》中说：臣查得本府额贡茶岁不过二十斤，祖宗以来圣贤相承不闻以为不足……宁府正德十年之贡取去芽茶一千二百斤，细茶六千斤，不知实贡朝廷几何……芽茶一斤，卖银一两，犹恐不得。

　　霍山黄芽曾一度失传。1971年以来开始研制，恢复生产。1972年4月27日至4月30日，县茶办室选派农业局茶厂、坝上茶站三位茶叶技术干部，在乌米尖同三位七八十岁高龄的茶农共同炒制黄芽茶，共计得14斤茶样，当即用白铁桶封装6斤上报国务院进行鉴评。翌年县土产公司又布点3处，正式生产黄芽，以金字山为重点，数年来，由审评室老茶师负责技术辅导。其余两处为乌米尖和金竹坪。此后，经过大化坪区农技站、茶站的技术人员反复，试验改进，黄芽茶采制技术有所提高，品质规格趋于固定。

4. 温州黄汤

温州黄汤亦称平阳黄汤，为浙江主要名茶之一，产于平阳、苍南、泰顺、瑞安、永嘉等地，以泰顺的东溪与平阳的北港所产品质最佳。条索细紧纤秀，色泽黄绿多毫；汤色橙黄鲜明，叶底嫩匀成朵，香气清高幽远，滋味酸鲜爽。成茶以"三黄"即"色黄，汤黄，叶底黄"闻名。汉族茶农创制于清代，并被列为贡品；民国时期失传；中华人民共和国建立后，于1979年恢复生产。

平阳黄汤的传说

两三百年前，在当时的京津地区，说起平阳县，或许有人不知，但只要一提"平阳黄汤"，总会有人称好。许多爱茶之人，都识它、懂它、爱它。这其中，有贡品之说，更有茶好的缘故。地处江南的温州，自古就出好茶，而平阳又是温州产茶佳处。《唐书·食货志》载："浙产茶十州五十五县，有永嘉、安固、横阳、乐城四县名。"横阳就是今天的平阳。

明末清初，平阳茶叶主销天津、北京等地。旧时制茶，工序一律是人工处理，遇到阴雨天气，杀青与捻揉之后的茶叶无法及时烘干。一次，有家茶农被紧急催货，无奈之下，未干透的茶叶就被装货发出，长途运输中鲜碧的茶芽被闷成嫩黄色。在又燥又冷的北国之地，这种被闷黄的茶少了绿茶的生鲜寒凉，多了一分温润醇厚，反倒更加受欢迎……平阳黄汤由此面世。

5. 广东大叶青

大叶青茶是广东的特产，主要产区位于广东韶关、肇庆、湛江等县市，属于黄茶，是黄大茶的代表品种之一。广东地处中国的南方，属于亚热带以及热带气候区，这里常年温热多雨，年平均温度大都在22°C以上，年平均降水量为1500毫米左右，甚至更多。茶园多分布在山地和丘陵地区，土质多为红壤土，透水性好，非常适宜茶树的生长。制成的广东大叶青茶外形条索肥壮，紧结重实，老嫩均匀，叶张完整，芽毫明显，干茶色泽青润显黄，冲泡后汤色橙黄明亮，香气纯正，叶底呈淡黄色，滋味浓醇回干。

广东大叶青制法是先萎凋后杀青，再揉捻闷堆，这与其他黄茶不同。杀青前的萎凋和揉捻后闷黄的主要目的，是消除青气涩味，促进香味醇和纯正。此茶产品品质特征具有黄茶的一般特点，所以也归属黄茶类，但与其他黄茶制法不完全相同。大叶青以云南大叶种茶树的鲜叶为原料，采摘标准为一芽二三叶。

广东大叶青贮存的禁忌

广东大叶青茶叶的保存很重要。保持茶叶原有的茶质，除了防止出现茶叶陈化变质外，在保存时，还须注意以下禁忌。

忌潮湿：广东大叶青是一种疏松多孔的亲水物质，因此具有很强的吸湿还潮性。存放广东大叶青茶时，相对湿度在60%较为适宜，超过70%就会因吸潮而发生霉变，进而酸化变质。

忌高温：广东大叶青最佳保存温度为0～5℃。温度过高茶叶中的氨基酸、糖类、维生素和芳香性物质则会被分解破坏，使质量、香气、滋味都有所降低。

忌阳光：阳光会促进茶叶色素及酯类物质的氧化，能将叶绿素分解成为脱镁叶绿素。

忌氧气：广东大叶青茶叶中的叶绿素、醛类、酯类、维生素C等易与空气中的氧结合，氧化后的绿茶茶叶会使绿茶茶叶汤色变红、变深，使营养价值大大降低。

忌异味：广东大叶青茶叶中含有高分子棕榈酶和萜烯类化合物。这类物质活泼极不稳定，能够广吸异味。因此，茶叶与有异味的物品混放贮存时，就会吸收异味而且无法去除大大降低品质。

知识链接

黄茶与健康

喝茶有益健康，自古以来，人们对茶叶功效极度赞赏。相传，神农尝百草，日遇七十二毒，得茶而解之。很多人喝茶，却不知黄茶，也不清楚黄茶的功效。黄茶是我国特产茶类，生产历史悠久，唐朝时就成为贡品。黄茶的当家品种有隶属中国名茶行列的君山银针、蒙顶黄芽、霍山黄芽等。

黄茶的制作与绿茶有相似之处，不同点是多一道闷堆工序，也称为"闷黄"。黄茶在闷堆过程中微生物滋生是随闷堆时间延长而增加的，特别是酵母菌、黑曲酶、根酶等这几种微生物大量滋生，会给黄茶闷堆增加多种胞外酶，酵母菌大量滋生中能产生脂肪酶、蔗糖酶、乳糖酶等，这些酶类能分解大分子糖类物质和粗脂肪成为小分子物质醇、醛、有机酸、二氧化碳等。黄茶中富含的这些消化酶，对脾胃很有好处，因此对于消化不良、食欲不振、懒动肥胖等症状，都可饮而化之。

闷黄这一独特的工艺，使得黄茶茶性温和、香味鲜醇、刺激性弱，在降血脂、防止动脉硬化，降血糖、控制血压，降胆固醇方面比绿茶强；且茶汤由原本的苦涩味转为清醇滋味，并呈现金黄色，形成了黄茶特征——黄叶黄汤。

黄茶中富含茶多酚、氨基酸、可溶糖、维生素等营养物质，黄茶鲜叶中天然物质保留有 85% 以上，而这些物质对防癌、抗癌、杀菌、消炎均有特殊效果。若长期饮用黄茶，在消食、暖胃、减肥、降脂等方面效果显著，为其他茶叶所不及。茶能治病，更能防病，消除体内毒素，而且面对城市生活中各处声、光、波带来的无形的强大辐射，还能缓冲辐射对人的影响，对健康大有裨益。

饮茶尤其是饮用黄茶，不失为人们维护身体健康的一个养生之道。

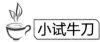 小试牛刀

请查找相关资料，编写一篇介绍西湖龙井的导游词。

身体力行

讲解训练：请介绍君山银针。

课外拓展

1. 黄茶的基本工艺似绿茶，品质特点是 _____。

2. 黄茶的基本工艺有 _____、_____、_____。

3. 黄茶分为 _____、_____、_____ 三类。

4. 温州黄汤亦称平阳黄汤，产于平阳、苍南、泰顺、瑞安、永嘉等地，以与 _____ 所产品质最佳。

5. 黄茶的制作与绿茶有相似之处，不同点是多一道 _____ 工序，也称为"闷黄"。

任务二　说丽水黄茶

学习目标

1. 了解丽水黄茶的品质特点。

2. 了解丽水黄茶的主要品种。

趣闻轶事

G20 杭州峰会指定用茶为缙云黄茶

在备受瞩目的 G20 杭州峰会上，缙云黄茶有幸成为峰会指定用茶，与西湖龙井一同进入了峰会的核心区域。此次峰会的指定用茶提供方是缙云县轩黄农业发展有限公司。该公司拥有 500 亩集中茶园，而这些茶园都位于海拔 800 米的地方，阳光充足、空气清新，优良的生态环境让茶的品质非常好。这次缙云县轩黄农业发展有限公司提供的黄茶主要有两种：特一级和特二级。其中，提供特一级高端缙云黄茶精品大礼盒 360 盒，提供特二级精品小礼盒 6050 盒。

公司负责人李森洪介绍他们公司的黄茶制作很讲究，每片茶叶都是精选出的，从采摘到检测都非常严苛。而在被指定为 G20 杭州峰会用茶后，李森洪还特意对厂房进行了全新改造，购置了新的机器设备，以求进一步提高茶叶的品质。同时，为了迎合 G20 杭州峰会的国际需求，李森洪专门改造了这批轩黄黄茶的包装，说明书特意加上了英文说明。

任务描述

从海南来的旅游团，白天游览完仙都后都比较累，晚上就自由活动。有两位爱茶的团友问导游哪里有茶楼可以去品茶，导游推荐了缙云"紫气东来"茶楼。这两位团友听说缙云黄茶是本地特色茶，于是就点了缙云黄茶。作为茶艺师，此时该如何向客人介绍呢？

 任务知识

一、走进缙云黄茶园

轩黄黄茶精品园是缙云县轩黄农业发展有限公司的茶园。该茶园在三溪乡，拥有500亩连片黄茶精品园。因茶园地处云雾缭绕、空气新鲜、土质适宜、远离工业的良好生态环境，同时黄茶采用深沟开挖，填埋有机肥种植，并使用肥水滴灌系统、灯光及防虫板诱杀害虫等无公害栽培，茶叶品质优异。在第十一届"中茶杯"上轩黄黄茶获得特等奖，轩黄高山土种红茶获得一等奖；在2014年"国饮杯"上，轩黄黄茶获得特等奖，轩黄高山土种红茶获得一等奖；2015年浙江绿茶博览会获得金奖，并通过了中国绿色食品发展中心的绿色食品认证。

二、缙云黄茶的品质特点

缙云黄茶具有"外形金黄透绿、汤色鹅黄隐绿、叶底玉黄含绿"的"三黄透三绿"品质特征。缙云黄茶外形金黄显绿，光润匀净；汤色鹅黄透绿，清澈明亮；叶底玉黄隐绿，鲜亮舒展；滋味清鲜柔和，爽口醇和；香气清香高锐，独特持久。

三、丽水黄茶的名品

丽水黄茶是茶树的黄化变异品种。茶树品种为"中黄一号"，叶片鹅黄（见图2.4），汤色黄亮，谓之"黄茶"。

1.缙云轩黄黄茶

"轩黄"牌缙云黄茶中富含叶黄素、EGCG（表没食子儿茶素

图2.4 丽水黄茶

没食子酸酯)、氨基酸等。"轩黄"牌缙云黄茶制作中因无闷黄工艺，保留了茶叶中大部分维生素 C，维生素 C 参与人体胶原蛋白的结合，有助于预防坏血病，治疗贫血、提高人体的免疫能力。"轩黄"牌缙云黄茶的制茶工艺最大限度地保留了鲜叶中的氨基酸营养成分，氨基酸含量最高可达 10%，是普通绿茶的 2 ~ 3 倍。

2. 缙云仙都黄贡

缙云县仙都黄贡茶业位于浙江省丽水市缙云县胡源乡茶源村潜源自然村，黄茶试验基地 50 亩，依托青山秀水的绿色生态区位优势，坚持以发展绿色品牌为目标，保证了黄贡黄茶的优质品质。

仙都黄贡的由来

相传，轩辕黄帝平定天下后，为安抚南方部落而"南巡"。到浙江缙云好溪之畔，发现一顶天立地、伟岸阳刚之"神根"，即在此立铜鼎，燃火焰，炼制仙丹。因日夜高温炼制，有些丹夫，出现口干腹胀之症，纷纷病倒。

黄帝愁眉不展，独往步虚山而去，突见绿丛中有金黄色树丛分外耀眼。折叶尝之，甘甜润喉，顿觉神爽，大喜，即采之煎给病人服下，病人症状明显好转。黄帝即令大量采入煎用，数日后，病人腹中之胀滞仍难消除，而置于屋内的叶子已发奇味，命弃之。经过丹炉时，顿觉紫气飘浮，香溢峡谷。帝闻之，莫非上天赐福？又令将闷熟叶子放于丹鼎边烘烤，干后其香醉人。帝将其重置于瓦罐煮汤，见汤色微红，清香扑鼻。病人服后腹胀顿消，且有开胃提神之效。

农历九月九，仙丹炼成，神根云雾缭绕，好溪黄旗招展。轩辕黄帝站在高高的礼台上，举起金光闪闪的丹丸。突然，天空飘下一朵彩云，涌向高台。黄帝挥手一拂，云中红光闪耀，一条金龙飞到帝前，伏首而迎。帝见此，已知天命，拜别族民，跨金龙飞升而去……（为纪念黄帝炼丹时发现的树叶，当地人尊称为"缙云黄叶"）。

唐天宝年间，鼎湖峰彩云缭绕，鸾鹤飞舞，云中仙乐响亮，山呼"万岁"。唐明皇李隆基闻此，龙颜大悦，说"真乃仙人荟萃之都也"，即御书"仙都"二字，而后又名"仙都黄叶"。因此处山深路险，不为外界所知，直到南宋出了个名人。

潜说友（1216——1288），字君高，号赤壁子，缙云人。宋淳祐元年（1241）进士，历知南康军、浙东安抚使、两浙转运使。当朝理宗皇帝因长期酒色过度，使得胃纳胀滞，食欲不振，每至午后，精神萎靡。潜公即将"仙都黄叶"贡与皇上。皇帝渴饮后，竟然食欲大开，精神大振，悉知此药茶来历后，就列为贡品。

咸淳三年（1267）《缙云县志》载，两浙转运使潜说友拨款扩建仙都"黄帝祠宇和独峰书院"，修葺名胜，整修道路，使仙都达到鼎盛时期。《括苍汇记》载，咸淳五年（1269）年十月十二日，杭州西湖、龙井、重建门，潜说友书古篆"龙井"两字为匾。咸淳六年（1270），他任中奉大夫兼户部尚书、临安知府。

历经数代，几度钦定贡茶。有志为证："缙云物产多茶、缙云贡茶三斤"（明万历《括苍汇记》），"茶，随处有之，以产小均、大园、柳塘者佳，括苍云雾茶亦为珍品"（清道光《缙云县志》）。

2007年中国农科院茶叶研究所原副所长百堃元和李强教授发现，仙都黄叶乃是一特异茶种。经多年来的研究和专家论证，确属高端茶种。

2. 丽水三义黄茶

丽水三义黄茶产自丽水市莲都区丽新畲族乡高山峻岭之中。这里平均海拔400米以上，有高山有机黄茶园700余亩，保证了高品质有机黄茶。

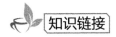 知识链接

"花言茶语"（茶与花艺）

茶与花教人崇幽尚静，清心寡欲，进而修身养性，达到心灵的升华。茶与花的融合主要在茶室这一特定的场所作为花卉装饰品而出现的，我们可以称为茶道花艺。它传承了东方式插花的特点，是茶室的

一种室内装饰艺术，在其发展过程中，汲取了茶和道、气、神、韵的美学精髓，以花枝为线条进行造型，形成线条、颜色、形态和质感的和谐统一。

花性如茶性，茶道插花不仅传承了传统东方式插花的特点，而且融入了茶道之神性，注重自然情趣，着力表现花材自然形式美、色彩美。充分利用自然界千姿百态的花木枝条，是茶道插花最突出的特点之一。花韵宛若茶韵，正如唐代诗僧释皎然的《饮茶歌·诮崔石使君》中写道："一饮涤昏寐，情思朗爽满天地。"

小试牛刀

结合缙云黄茶知识，写一篇介绍缙云黄茶的导游词。

身体力行

海南的旅游团友在缙云"紫气东来"茶楼饮用了黄茶后，感觉非常好，想更加深入了解缙云黄茶。请你结合所学知识以导游的身份给他们介绍缙云黄茶。

课外拓展

1.轩黄黄茶精品园是缙云县的茶园，该茶园在_____，拥有 500 亩连片黄茶精品园。

2.缙云黄茶具有"_____、_____、_____"的"三黄透三绿"品质特征。

3."轩黄"牌缙云黄茶制作中因无_____工艺，保留了茶叶中大部分维生素 C，维生素 C 参与人体胶原蛋白结合，有助于预防_____，治疗_____、提高人体的免疫能力。

4.丽水三义黄茶产自丽水市莲都区_____高山峻岭之中。

5.茶与花的融合主要在茶室这一特定的场所作为花卉装饰品而出现的，我们可以称为_____。

任务三 识黄茶之器

学习目标

1. 了解黄茶冲泡的茶器。
2. 了解茶礼中的坐姿礼。

趣闻轶事

卢仝"七碗茶诗"

历代文人品茶吟诗佳作不少，可要说流传至今，影响最大还属唐朝诗人卢仝的《走笔谢梦谏议寄新茶》的诗歌。卢仝一生爱茶成癖，嗜茶如命，这首的"七碗茶诗"自唐以来，历经宋、元、明、清传唱，千年不衰。

诗文如下：日高丈五睡正浓，军将打门惊周公。口云谏议送书信，白绢斜封三道印。开缄宛见谏议面，手阅月团三百片。闻道新年入山里，蛰虫惊动春风起。天子须尝阳羡茶，百草不敢先开花。仁风暗结珠蓓蕾，先春抽出黄金芽。摘鲜焙芳旋封裹，至精至好且不奢。至尊之余合王公，何事便到山人家？柴门反关无俗客，纱帽笼头自煎吃。碧云引风吹不断，白花浮光凝碗面。一碗喉吻润，两碗破孤闷。三碗搜枯肠，唯有文字五千卷。四碗发轻汗，平生不平事，尽向毛孔散。五碗肌骨清，六碗通仙灵。七碗吃不得也，唯觉两腋习习清风生。蓬莱山，在何处？玉川子，乘此清风欲归去。山上群仙司下土，地位清高隔风雨。安得知百万亿苍生命，堕在巅崖受辛苦！便为谏议问苍生，到头还得苏息否？

卢仝不愧品茶高人，品茶七碗，碗碗茶味不同。诗文描写饮茶七碗的不同感觉，步步深入，生动传神。

任务描述

海南的游客走进茶艺馆，点了一壶黄茶，看到里面陈列很多茶器，玻璃的、陶瓷的、紫砂的等琳琅满目，于是就询问茶器。作为茶艺师，你该如何为客人介绍茶器呢？

任务知识

一、茶器知识

水为茶之父，器为茶之母。要喝茶，就要准备好道具。茶器，亦称茶具或茗器。茶具一词最早在汉代已出现，据西汉辞赋家王褒《僮约》有"烹茶尽具，酺已盖藏"之说，这是我国最早提到"茶具"的一条史料。从古到今，茶器材质种类繁多，有木制的、陶瓷的、紫砂的、金属的、玻璃的等。泡茶的茶器也无奇不有。

二、黄茶冲泡的茶器

1.玻璃杯泡

（1）玻璃杯冲泡基本知识。

玻璃杯泡茶法，适于品饮细嫩的名贵茶叶，便于充分欣赏名茶的外形、内质。玻璃茶具素以它的质地透明、光泽夺目，外形可塑性大、形状各异、品茶饮酒兼用而受人青睐。如果用玻璃茶具冲泡，如冲泡君山银针等名茶，就能充分发挥玻璃器皿透明的优越性，观之令人赏心悦目（见图2.5）。

泡茶之前，先欣赏干茶的色、香、形。取适量茶叶，置于无异味的洁白纸上，观看茶叶形态。名

图2.5　玻璃杯冲泡

茶的造型，因品种不同，或条，或扁，或螺，或针等。欣赏其制作工艺，察看茶叶色泽，或碧绿，或深绿，或黄绿，或多毫等；再干嗅茶中香气，或奶油香，或板栗香，或锅炒香，或不可名状的清鲜茶香等。充分领略各种名茶的地域性的天然风韵，称为"赏茶"，然后进入冲泡。泡茶的具体操作，可视茶条的松紧不同，分别采用三种冲泡法。

一是上投法。冲泡外形紧结重实的名茶，如蒙顶甘露、庐山云雾、福建莲芯、凌云白毫、涌溪火青、高桥银峰等，可用上投法。即洗净茶杯后，先将85 ~ 90℃开水冲入杯中，然后取茶投入，一般不须加盖，茶叶便会自动徐徐下沉，但有先有后，有的直线下沉，有的则徘徊缓下，有的上下沉浮后降至杯底；干茶吸收水分，逐渐展开叶片，现出一芽一叶、二叶，单芽、单叶的生叶本色，芽似枪、剑，叶如旗；汤面水气夹着茶香缕缕上升，如云蒸霞蔚，趁热嗅闻茶汤香气，令人心旷神怡；观察茶汤颜色，或黄绿碧清，或乳白微绿，或淡绿微黄……隔杯对着阳光透视，还可见到汤中有细细茸毫沉浮游动，闪闪发光，星斑点点。茶叶细嫩多毫，汤中散毫就多，此乃嫩茶特色。这个过程称为湿看欣赏。待茶汤凉至适口，品尝茶汤滋味，宜小口品啜，缓慢吞咽，让茶汤与舌头味蕾充分接触，细细领略名茶的风韵。此时舌与鼻并用，可从茶汤中品出嫩茶香气，顿觉沁人心脾。此谓一开茶，着重品尝茶的头开鲜味与茶香，饮至杯中茶汤尚余三分之一水量时（不宜一开全部饮干），再续加开水，谓之二开茶。如若泡饮茶叶为肥壮的名茶，二开茶汤正浓，饮后舌本回甘，余味无穷，齿颊留香，身心舒畅。饮至三开，一般茶味已淡，续水再饮就显得淡薄无味了。

二是中投法。泡饮茶条松展的名茶，如六安瓜片、黄山毛峰、太平猴魁、舒城兰花等，如用"上投法"，茶叶浮于汤面不易下沉，可用"中投法"，即在干茶欣赏以后，取茶入杯，冲入90℃开水至杯容量的三分之一时，稍停两分钟，待干茶吸水伸展后再冲水至满。此时茶叶或徘徊飘舞下沉，或游移于沉浮之间，观其茶形动态，别具茶趣。

三是下投法。先放茶叶再倒水，在冲水的时候茶叶跟随水流翻滚，干茶和热水接触迅速彻底，可以让茶汤的滋味均匀。身骨较轻的茶常采用此泡法。

（2）黄茶玻璃杯冲泡茶具。

冲泡茶具如表 2.1 所示。

表 2.1　黄茶玻璃杯冲泡茶具

茶具名称	图片
玻璃杯	
随手泡	
茶道组	
茶荷	
茶船	
茶仓	

续表

茶具名称	图片
茶巾	

2. 盖碗泡

（1）盖碗冲泡基本知识。

盖碗是陶瓷烧制的，由茶碗、茶盖、茶船三件套组成（见图2.6），堪与紫砂壶媲美。盖碗又称"三才碗"。所谓三才即天、地、人。茶盖在上谓之天，茶托在下谓之地，茶碗居中是为人。这么一副小小的茶具便寄寓了一个小天地，一个小宇宙，也包含了古

图 2.6 盖碗冲泡

代哲人讲的"天盖之，地载之，人育之"的道理。三件头"盖碗"中的茶船作用尤妙。茶碗上大下小，承以茶船增强了稳定感，也确不易倾覆。盖碗茶具常有名人绘的山水花鸟。碗内又绘避火图。有连同茶托为十二式者；十二碗加十二托，为二十四式。清代茶托花样繁多，有圆形、荷叶形、元宝形等。

中国人喝茶讲究喝热茶，方能沁脾、提神、清心。盖碗茶，可以说真正是把饮茶艺术实用化了。这个茶碗上大下小，盖子不易滑落，下面有茶船避免烫到手。人们一只左手就可以端起茶船，重心平稳，不必揭盖，半张半合，就可以从茶碗与茶盖缝隙间细吮茶水，用杯盖遮挡茶叶避免了壶堵杯吐之烦。右手可以拿茶盖在水面刮动，这叫作"翻江倒海"，使整碗茶水上下翻转，轻刮则淡，重刮则浓，很方便的。

盖碗泡茶法是一种节省时间的喝茶法，盖碗常为个人单次、短时间使用的

简便品茗茶具。它相比紫砂壶的第一大好处就是：盖碗泡茶泡得多，时间短。另外，盖碗宜于保温。我们在日常生活中用盖碗泡茶需要注意的是，盖碗泡茶不能像用壶那样一次七八泡，一般盖碗只泡一两次，茶叶就老了。有条件的茶友最好还是配着公道杯来泡，这样虽然麻烦一点，但不会浪费好茶。

盖碗可以控制盖口的大小，能在最快的时间内把茶汤沥尽，叶底又一目了然，这些都是盖碗的好处。紫砂用好了，确实可以出神入化，但必须要熟知每把壶的壶性，一把壶只能泡一种茶甚至一款茶，局限太大。便宜的盖碗几块钱就可以买一个。但是好的盖碗可不比紫砂便宜。精品瓷器一样有悠久历史和精彩文化。

（2）黄茶盖碗冲泡茶具。

常用的黄茶盖碗冲泡茶具如表 2.2 所示。

表 2.2　黄茶盖碗冲泡茶具

茶具名称	图片
盖碗	
品茗杯	
公道杯	

续表

茶具名称	图片
茶漏	
随手泡	
茶道组	
茶荷	
茶船	
茶仓	
茶席	

续表

茶具名称	图片
茶巾	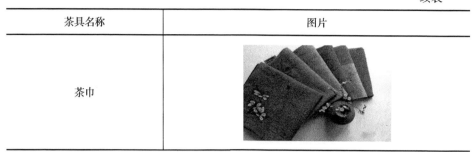

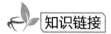 **知识链接**

寒夜客来茶当酒——三国孙皓的故事

当代收藏家马未都有本集子，叫《以茶当酒集》，取意自杜耒那句"寒夜客来茶当酒，竹炉汤沸火初红"。茶，南方之嘉木；酒，远古之佳酿。

夏商饮酒，醉者持不醉者，不醉者持醉者；酒对先人，有疾则饮，遇喜酩酊，解忧治病。

汉已用茶，至唐代陆羽，颇成系统；一碗润喉，两腋清风，涤烦疗渴，回味绵长。

酒是一种意气，茶是一种境界。以茶当酒，则是用保持自我的姿态，传达与子同袍的情意。道虽不同，亦相为谋。

 **小试牛刀**

练一练茶礼中的坐姿礼。

要点：泡茶时，挺胸、收腹、头正肩平，肩部不能因为操作动作的改变而左右倾斜，双腿并拢。双手不操作时，平放在操作台上，面部表情轻松愉悦，自始至终面带微笑。

1. 正式坐姿

茶艺师入座时，略轻而缓，但不失朝气，走到座位前面转身，右脚后退半步，左脚跟上，然后轻稳地坐下。
最好坐椅子的一半或2/3处，穿
长裙子的要用手把裙子向前拢一
下。坐下后上身正直，头正目平，
嘴巴微闭，面带微笑，小腿与地
面基本垂直，两脚自然平落地面，
两膝间的距离，男茶艺服务人员
以松开一拳为宜。

正式坐姿

女茶艺师入座时，应双脚并拢与身体垂直，或者左脚在前右脚在后交叉成
直线。注意两手、两腿、两脚的正确摆法。

2. 侧点坐姿

侧点坐姿分左侧点式和右侧点式。

根据茶椅、茶桌的造型不同，坐姿也发生变化，比如茶桌的立面有面板或

侧点坐姿

茶桌有悬挂的装饰物障碍，无法采取
正式坐姿，可选用左侧点式或右侧点
式坐姿。左侧点式坐姿，要双膝并拢，
两小腿向左斜伸出，左脚跟靠于右脚
内侧中间部位，左脚脚掌内侧着地，
右脚跟提起，脚掌着地。右侧点式坐
姿相反。

3. 跪式坐姿

坐下时将衣裙放在膝盖下，显得整
洁端庄，腋下留有一个品茗杯大小的余
地，两臂似抱圆木，五指并拢，手背朝
上，重叠放在膝盖头上，双脚的大拇指
重叠，臀部坐在其上，臀部下面像有一
纸之隔之感，上身如站立姿势，头顶有
上拔之感，坐姿安稳。

跪式坐姿

4.盘腿坐姿

这种坐姿一般适合于穿长衫的男性或表演茶道时。坐时用双手将衣服撩起（佛教中称提半把）徐徐坐下，衣服后层下端铺平，右脚置在左腿下，用两手将前面下摆稍稍提起，不可露膝，再将左脚置于右腿下。

盘腿坐姿

身体力行

请以茶艺师的身份向客人介绍黄茶的相关茶器。注意对不同茶器的不同介绍，如玻璃杯和陶瓷的不同之处。

课外拓展

1. "茶具"一词最早在 _____ 已出现。

2. 玻璃杯泡茶法主要有 _____、_____ 两种。

3. 盖碗是陶瓷烧制的，由 _____、_____、_____ 三件套组成。

4. 中国人喝茶讲究喝 _____，盖碗上大下小，盖入碗内喝茶时不易滑落，下面有 _____ 避免烫到手。

5. 茶礼中的坐姿主要有 _____、_____、_____、_____。

任务四 习黄茶之艺

 学习目标

1.了解黄茶冲泡的三要素。

2.掌握黄茶的冲泡流程。

3.了解黄茶冲泡的主要手法。

趣闻轶事

茶桌上的"暗语"，你不可不知

中国人好以茶会客。看似简单的一杯茶其中暗含了许多学问，除了泡茶讲究，斟茶、品茶、添茶都有讲究。中国茶语不可不知，快来学学吧。

（1）"酒满敬人，茶满欺人"。

因为酒是冷的，客人接手不会被烫，而茶是热的，满了接手时茶杯很热很烫，有时还会因受烫致茶杯掉下地打破，给客人造成难堪。

（2）"先尊后卑，先老后少"。

敬茶时说声"请喝茶"，对方回以"莫拘礼""莫客气""谢谢"。如果是人较多的场合，杯不便收回，可放在各人面前桌上。在第一次斟茶时，要先尊老后卑幼，第二遍时就可按序斟上去。对方在接受斟茶时，要有回敬反应：喝茶是长辈的，用中指在桌上轻弹两下，表示感谢；小辈平辈的用食、中指轻弹桌面两次表示感谢。

（3）"先客后主，司炉最末"。

在敬茶时除了论资排辈外，还得先敬客人来宾然后再敬自家人。在场的人全都喝过茶之后，这个司炉的，俗称"柜长"（煮茶冲茶者）

才可以饮喝，否则就是对客人不敬，叫"蛮主欺客""待人不恭"。

（4）"强宾压主，响杯擦盘"。

客人喝茶提盅时不能任意把盅脚在茶盘沿上擦，茶喝完放盅要轻，不能让盅发出声响，否则是"强宾压主"或"有意挑衅"。

（5）"喝茶皱眉，表示弃嫌"。

客人喝茶时不能皱眉——这是对主人示警动作。主人发现客人皱眉，就会认为客人嫌弃自己茶不好，不合口味。

（6）"头冲脚惜，二冲茶叶"。

主人冲茶时，头冲必须冲后倒掉不可喝，因为里面有杂质不宜喝饮。本地有"头冲脚惜（"脚惜"，方言，意为不好的东西），二冲茶叶"之称，要是让客人喝头冲茶就是欺侮人家。

（7）"新客换茶"。

宾主喝茶时，中间有新客到来，主人要表示欢迎，立即换茶，否则被认为"慢客""待之不恭"。换茶叶之后的二冲茶新客要先饮，如新客一再推卸叫"却之不恭"。

（8）"暗下逐客令"。

本地群众热情好客，每以浓茶待人，但有时因自己工作关系饮茶时间长会误工作或是与客人的话不投机、客人夜访影响睡眠，主人故意不换茶叶，客人就要察觉到主人是"暗下逐客令"，起身告辞。

（9）"无茶色"。

主人待茶，茶水从浓到淡，数冲之后便要更换茶叶，如不更换茶叶会被人认为"无茶色"。茶已无色还在冲，是对客人冷淡，不尽地主之谊。"无茶色"的引申意为对人不恭、办事不认真、效果不显著。

（10）"茶三酒四踢跎二"。

本地人习惯于在茶盘上放三个杯。俗语"茶三酒四踢跎二"（"踢跎"，方言，意为游玩）认为，茶宜三人同喝，酒须四人同饮，便于猜拳行酒令；可是外出看风景游玩就以二人为宜，二人便于统一意见，满足游兴。

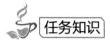 任务描述

在茶艺馆内，客人点了黄茶，欣赏了茶艺师的黄茶冲泡表演后，非常想学习黄茶的冲泡技艺。作为茶艺师，你该如何帮助他们？

任务知识

一、黄茶冲泡的三要素

（1）投茶量。

黄茶的投茶量基本与绿茶相同。需要注意的是，如果用玻璃杯冲泡，要使投茶量恰到好处，否则不利于观赏。一般黄茶投放玻璃杯的三成。

（2）水温。

泡茶水温高低，与茶叶的种类、老嫩、紧结程度有关。大体来说，茶叶越细嫩、松散、叶子碎小，茶汁浸出要快些；而茶叶比较粗老、紧结、叶子较规整的，茶汁浸出较慢，需要冲泡的水温比较高。黄茶经过沤制，茶中的营养成分大多已变成可溶性，一般的沸水即可使营养物质溶解，因此水温要求不是很高，用70℃左右的开水冲泡，才不会把茶叶泡熟了，从而使茶叶条条挺立，利于观赏。

（3）冲泡时间。

泡茶的时间必须适中，若是短了，茶汤会淡而无味，香气不足；时间若长了，茶汤会太浓，茶色会过深。泡茶的时间越长，茶中可溶于水的浸出物会越多，所以茶汤的滋味总是随着泡茶时间的延长而逐渐变浓的。冲泡茶叶后，在不同的时段，茶汤的滋味和香气也是不一样的。黄茶的冲泡时间，要考虑到这类茶在加工时未经揉捻，加之如冲泡的水温较低，茶汁不太容易浸出，需要加长冲泡时间，一般冲泡50～75秒的时间即可。

二、黄茶的冲泡流程

黄茶是发酵类茶，属于沤茶，在冲泡过程里，会产生大量的消化酶，对

脾胃有好处。如何才能冲泡出最优的黄茶呢？我们一起来看看黄茶的冲茶流程（见表2.3）。

表2.3　黄茶冲泡流程（盖碗泡）

序号	流程	流程详情
1	布具	将茶具摆好。将茶道组、茶仓、茶荷、盖碗、公道杯、品茗杯、茶壶、茶盂等一一布具
2	赏茶	用茶匙将茶叶轻轻拨入茶荷内，供来宾欣赏
3	温杯	将盖碗、公道杯、品茗杯等进行温杯
4	投茶	用茶匙轻拨茶叶入盖碗
5	高冲	执茶壶高冲沸水入盖碗，使茶叶在盖碗中尽量翻腾。第一泡时间为1分钟。1分钟后，将茶汤注入公道杯，分到各品茗杯中
6	奉茶	闻香杯与品茗杯同置于杯托内，双手端起杯托，送至来宾面前，请客人品尝
7	闻香	先闻杯中茶汤之香
8	品茗	闻香之后可以观色品茗。品茗时分三口进行，从舌尖到舌面再到舌根。不同位置香味也各有细微的差异，需细细品，才能有所体会
9	再次冲泡	第二次冲泡的手法与第一次同，只是时间要比第一泡增加30秒左右。以此类推，每冲泡一次，冲泡的时间也要相对增加
10	奉茶	自第二次冲泡起，奉茶可直接将茶分至每位客人面前的品茗杯中，然后重复闻香、观色、品茗、冲泡的过程
11	收具	整理桌面，把所有泡茶的工具收回茶盘中

三、黄茶品饮茶艺解说词（以缙云黄茶为例）

好山好水出好茶。缙云地处浙江括苍山脉，群山环抱，森林茂密，云雾缭绕，阳光充足，空气清新，土层深厚，水质优异，茶叶生产历史悠久。《史记》载：轩辕黄帝于鼎湖峰炼丹，丹成，御龙升天。飞天之时，灵草沾金丹仙气，茶树萌黄芽，绿叶成金枝，因黄帝所赐，故谓之黄茶。缙云黄茶，贵如黄金，然黄金有价，茶香无尽；生态环境，无可复制；三黄三绿，优异独特。这里所产的茶吸收了缙云大地的精华，尽得黄帝的灵气，所以风味奇特，极耐品尝。好茶还要配好的茶艺，下边就由我为各位嘉宾献上缙云黄茶茶艺。

第一道，"焚香静气可通灵"。

"茶须静品，香可通灵"。品饮缙云黄茶这种文明堆积厚重的茶，更需要咱们静下心来，才能从茶中品尝出咱们中华民族的传统文化。

第二道，"轩辕黄茶展仙姿"。

品茶之前，要鉴赏干茶的外形、色泽和气味。《史记》载：轩辕黄帝于鼎湖峰炼丹，丹成，御龙升天。飞天之时，灵草沾金丹仙气，茶树萌黄芽，绿叶成金枝，因黄帝所赐，故谓之黄茶。缙云黄茶是轩辕黄帝育出的灵物，所以请各位传看"缙云黄茶"，称为"轩辕黄茶展仙姿"。

第三道，"涤尽凡尘心自清"。

品茶是茶人澡雪心灵的过程。烹茶涤器，不仅是洗净茶具上的尘土，更重要的是在澡雪茶人的魂灵。

第四道，"黄帝传茶千古情"。

缙云黄茶源自黄帝，经过几千年的传承，流传至今。"黄帝传茶千古情"就是用茶匙把黄茶投放到茶杯中。

第五道，"好溪水涌润莲心"。

好溪是缙云的母亲河。缙云黄茶外观嫩如莲心，清代乾隆皇帝把茶叶称为"润心莲"。洗茶时，通过悬壶高冲，玻璃杯中会泛起水波，所以形象地称为"好溪水涌润莲心"。冲茶后，杯中的水应尽快倒进茶池，避免泡久了茶中的营养丢失。

第六道，"再现凤凰三点头"。

由于这次冲水是第二次，所以称之为"再现凤凰三点头"。冲泡缙云黄茶时也讲究高冲水，在冲水时水壶有节奏地三起三落，好比是凤凰在向客人再三点头致意。这次冲水只可冲到七分满。

第七道，"黄汤香染帝王梦"。

洗茶和温润以后，再冲入开水，茶香跟着热气而散发，杯中的水气伴着茶香氤氲上升。缙云黄茶冲泡后汤汁呈黄色。"帝王梦"是指轩辕黄帝，形容茶香如梦亦如幻，时而清悠浓艳，时而浓郁迷人。

第八道，"慧心茶香一杯里"。

品缙云黄茶要一看、二闻、三品味。缙云黄茶的茶香清幽淡雅，必须用心灵去感悟，才能闻到那春天般的气息，和清醇悠远、难以言传的生命之香。好！现在请慢慢地细品这杯中的茶。

第九道，"品罢寸心逐白云"。

最后一道是谢茶，这是精神上的提高，也是咱们茶人的追求。品了三道茶以后，神清气爽，感觉是像黄帝一样腾云驾雾飞仙去了。

徐徐茶香飘，悠悠缙云情。尊敬的各位嘉宾，今天有缘相聚在此共饮一壶缙云黄茶，希望博大的茶文化能为您洗去都市的尘埃、洗去生活的烦恼。好茶自有好滋味，请您慢慢品尝。如若还有茶缘，愿我们再次相聚！

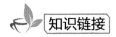 知识链接

禅茶一味

佛教崇尚饮茶，有"茶禅一味"之说。"茶"泛指茶文化，而"禅"是"禅那"略称，意为"静虑""修心"。"一味"之说则是指茶文化与禅文化有共通之处。这个共通之处在于追求精神境界的提升。所谓尘心洗尽兴难尽，世事之浊我可清。茶，品人生浮沉；禅，悟涅槃境界。

佛教促进了茶文化的发展，茶文化的发展推动着佛教的传播，茶是僧人坐禅修行不可缺少的饮料，两者密切相关。佛教僧徒谓"茶禅一味""茶禅一体"；又说茶有三德：坐禅时，通夜不眠；满腹时，帮助消化；茶为不发之药。它有利于丛林修持，由"茶之德"生发出禅宗茶道。僧人种茶、制茶、饮茶、传播茶文化，为中国茶叶生产和茶文化的发展及传播立下不世之功。

茶作为饮食在寺院里盛行，起始是因为健胃和提神。禅僧修心悟性，以追求心灵净化，对自然的感悟和回归，在静思默想中，达到真我的境界。禅的意境多少和茶的精神意趣相通，茶的清

净淡泊、朴素自然、韵味隽永，恰是禅所要求的天真、自然的人性归宿。

品茶的环境宜清、宜静、宜闲、宜空，而不宜过雅。徐渭说："茶宜精舍，宜云林，宜磁瓶，宜竹灶，宜幽人雅士，宜衲子仙朋，宜永昼清谈，宜寒宵兀坐，宜松月下，宜花鸟间，宜清流白石，宜绿藓苍苔，宜素手汲泉，宜红妆扫雪，宜船头吹火，宜竹里飘烟。"不过这是文人雅士的品茗环境，似乎过于雅致，而难达禅宗论道"自心是佛"的空灵之境。不若以茶的本性去论说来得贴切：冷静、思索、理智。这和禅得到宁静的思想宗旨也是一致的。

品茶是一种美的景致，茶道含有深刻的文化精髓，而茶与禅也的确有着一种浓得剪不断化不开的千丝万缕的情结。我们不妨静下心，暂且从一天的喧嚣中解脱出来，让心灵一并"吃茶去"。

"禅茶一味"，相辅相成，相互促进，禅需茶助修行，而嗜茶之风尚，又促进了茶事发展。茶禅文化亦交融辉映，合而双利，形成人与自然的佳缘。

屋外细雨缠绵，屋内禅茶相对，僧盘坐案前，茶具热气成束，袅袅飘去。让我们在这样一幅静谧、玄机、古朴的画面前，在茶叶的轻舞飞扬中，以禅洗去心尘，清净思维，体悟人生的无限真意。

小试牛刀

通过课程的学习，同学们掌握了黄茶的基本茶艺步骤。请在课后进行黄茶茶艺的练习。

身体力行

请进行黄茶沏泡服务训练。注意下表中所列的沏泡服务要点。

黄茶沏泡服务要点

任务内容	需要说明的问题
1. 黄茶的特点	
2. 黄茶的制作过程	
3. 黄茶的分类	
4. 茶具的准备	
5. 人员的准备	
6. 茶叶的准备	
7. 沏泡过程	
8. 注意事项	

课外拓展

1. 黄茶的投茶量基本与绿茶相同，一般黄茶投放玻璃杯的 _____。

2. 黄茶冲泡的三要素是指 _____、_____、_____。

3. 冲泡黄茶时用开水 _____，清洁茶具，并擦干杯，以避免茶芽 _____。

4. 品黄茶时分 _____ 进行，从舌尖到舌面再到舌根，不同位置香味也各有细微的差异，需细细品，才能有所体会。

5. 缙云地处浙江 _____，群山环抱，水质优异，茶叶生产历史悠久。

项目三　走进丽水白茶

任务一　知白茶之源

趣闻轶事

福鼎白茶的传说

　　相传尧时战乱，太姥山下一农家女子，为躲避战乱逃至山中，栖身鸿雪洞，以种蓝为生，为人乐善好施，深得人心，人称蓝姑。由于连年战乱，附近村庄麻疹恶疾流行，无数患儿因无药救治而夭折。一日夜里，蓝姑梦见南极仙翁，仙翁告知：鸿雪洞顶有一株 2 米高小树叫"茶"，是当年给王母娘娘御花园运送茶种时不小心掉下的一粒茶种发芽长成的，茶的叶子晒干后泡开水是治疗麻疹的良药。蓝姑惊喜醒来，趁月色攀上鸿雪洞顶，洞顶岩石累累，杂草丛生，荆棘遍布，在榛莽之中找到那株与众不同的茶树，迫不及待地采下绿叶，晒干后送到村民手中，过了半个月时间，神奇的白茶终于战胜了麻疹病魔。从此，蓝姑精心培育这株仙茶，并教太姥山乡亲一起种白茶、采白茶、制白茶。很快，整个太姥山区就变成了茶乡。晚年，蓝姑在南极仙翁的指点下羽化成仙。人们感其恩德，尊称她为太姥娘娘，太姥山也因此而得名。距今一百前，柏柳乡（今福鼎点头镇）竹头村陈焕把此茶移植家中繁育了福鼎大白茶。现如今福鼎太姥山鸿雪洞顶还留有太姥娘娘亲手培植的古茶树，它是有着"华茶1号""华茶2号"之称的国家级茶树良种"福鼎大白茶""福鼎大白毫"茶树的母树始祖，后有文人墨客称其为"绿雪芽"。福鼎大白茶母树目前已被列入福建省古树保护名录。

任务描述

客人游览完大木山茶园后，走进松阳大木山茶室。在茶室中，客人入座后，看了看茶单，问茶艺师什么是白茶，于是茶艺师建议客人品尝一下白茶。客人同意了，决定点白茶。作为茶艺师，此时该如何向客人介绍呢？

任务知识

白茶是福建的特产，属微发酵茶，是中国的传统名茶，六大茶类之一。白茶在采摘后，不经杀青或揉捻，只经过晒或文火干燥后加工的茶。成品白茶具有外形芽毫完整，满身披毫，毫香清鲜，汤色黄绿清澈，滋味清淡回甘的品质特点，因其成品茶多为芽头，满披白毫，如银似雪而得名。主要产区在福建福鼎、政和、松溪、建阳、云南景谷等地。白茶在中国的产量不高，但因其茶味比较淡，广受欧美人士喜爱。

一、白茶的工艺

白茶的制作工艺是最自然的：把采下的新鲜茶叶薄薄地摊放在竹席上，置于微弱的阳光下，或置于通风透光效果好的室内，让其自然萎凋；晾晒至七八成干时，再用文火慢慢烘干即可。

采用单芽为原料按白茶加工工艺加工而成的，称为银针白毫。白茶一般多采摘自福鼎大白茶、泉城红、泉城绿、福鼎大毫茶、政和大白茶、福安大白茶等茶树品种的一芽一二叶，按白茶加工工艺加工制作而成的为白牡丹或新白茶；采用菜茶（福建茶区对一般灌木茶树之别称）的一芽一二叶，加工而成的为贡眉；采用抽针后的鲜叶制成的白茶称寿眉。

白茶的制作工艺，一般分为萎凋和干燥两道工序，而其关键在于萎凋。萎凋分为室内自然萎凋、复式萎凋和加温萎凋。要根据气候灵活掌握，以在春秋晴天或夏季不闷热的晴朗天气，采取室内萎凋或复式萎凋为佳。其精制工艺是在剔除梗、片、蜡叶、红张、暗张之后，以文火进行烘焙至足干，只宜以火香衬托茶香，待水分含量为 4% ~ 5% 时，趁热装箱。白茶制法的特点是既不破坏酶的活性，又不促进氧化作用，且保持毫香显现，汤味鲜爽。其工艺流程如图 3.1 所示。

图 3.1 白茶的工艺流程

（1）鲜叶。

根据气温采摘玉白色一芽一叶初展鲜叶，做到早采、嫩采、勤采、净采；芽叶成朵，大小均匀，留柄要短；轻采轻放；竹篓盛装、竹筐贮运。

（2）萎凋。

采摘的鲜叶用竹匾及时摊放，厚度均匀，不可翻动。摊青后，根据气候条件和鲜叶等级，灵活选用室内自然萎凋、复式萎凋或加温萎凋。当茶叶达七八成干时，室内自然萎凋和复式萎凋都需进行并筛。

（3）烘干。

初烘：烘干机温度 100 ~ 120℃；时间：10 分钟；摊凉：15 分钟。复烘：温度 80 ~ 90℃；低温长烘 70℃左右。

（4）保存。

干茶含水分控制在 5% 以内，放入冰库，温度 1 ~ 5℃。冰库取出的茶叶三小时后打开，进行包装。

二、白茶的品质特点

白茶成茶满披白毫、汤色清淡、味鲜醇、有毫香。最主要的特点是白色银毫，素有"绿妆素裹"之美感，芽头肥壮，汤色黄亮，滋味鲜醇，叶底嫩匀。冲泡后品尝，滋味鲜醇可口，还能起到药理作用。白茶性清凉，具有退热降火之功效。

三、白茶的名品

白茶因茶树品种、原料（鲜叶）采摘的标准不同，可分为白毫银针、白牡丹、贡眉、寿眉及新白茶5种。

1. 白毫银针

白毫银针的产地为福建省福鼎市、政和县。白毫银针，简称银针，又叫白毫，由于鲜叶原料全部是茶芽，白毫银针制成成品茶后，白毫密披、色白如银、外形似针而得名，其香气清新，汤色淡黄，滋味鲜爽，是白茶中的极品，素有茶中"美女""茶王"之美称。其针状成品茶，长3厘米许，整个茶芽为白毫覆被，银装素裹，熠熠闪光，令人赏心悦目。冲泡后，香气清鲜，滋味醇和，杯中的景观也情趣横生。茶在杯中冲泡，即出现"白云疑光闪，满盏浮花乳"，芽芽挺立，蔚为奇观。

白毫银针的传说

相传在很久很久以前，福建政和的老百姓每天早起晚归辛勤劳作，十分幸福美满。不过有一年政和一带不知为何却一直没有下雨，农作物都干枯死亡，人们都没有水可以饮用，同时疾病也渐渐地随之而来，而且越来越严重。这时流传着一个说法：在仙山上的一口古井旁边，有着仙草可以救治人们的病。于是很多人跑去寻找，可是都是有去无回。这时一户人家的兄妹三人也决定去寻找传说中的仙草。

当大哥来到仙山的山脚下，准备往上爬时，一个老神仙告诉他山上被妖魔施了魔法，上去时千万不要往回看。老大记住了，谢过老神仙上路了，不过当其爬到半山腰时，山上滚落下许多石头，而且出现了许多怪声，十分尖锐，大哥十分害怕，不敢往前，想跑下山去。当他转身时马上就变成了石头。二哥与大哥的情况一样，也变成了石头。看到大哥二哥都没有回来，三妹也出发去寻找。她来到仙山脚下时也碰到了老仙人，听了老仙人所说开始向山上爬去。在山腰处看到了两位兄长的石像，她十分难过。这时山上的异样也出现了，不过三妹并没回头，而是咬紧牙关，用布塞住耳朵继续向上，不理会眼前恐怖的景象，受了很多伤也继续向前。她终于爬到了井边，用井水浇灌茶树。后来茶树慢慢长大，满山遍野渐渐也长满了茶树，魔法消失了，天上也下起了雨，人们得救了。这就是白毫银针茶的由来。

2. 白牡丹

白牡丹茶产于福建省福鼎市、政和县等地，是中国福建历史名茶，属于白茶类。白牡丹因其绿叶夹银白色毫心，形似花朵，冲泡后绿叶托着嫩芽，宛如蓓蕾初放，而得美名。白牡丹外形毫心肥壮，叶张肥嫩，叶色灰绿，夹以银白毫心，呈"抱心形"，叶背遍布洁白茸毛；冲泡后香鲜嫩持，滋味清醇微甜，汤色杏黄明亮或橙黄清，叶底嫩匀完整，叶脉微红，布于绿叶之中，有"红装素裹"之誉。白牡丹是采自大白茶树或水仙种的短小芽叶新梢的一芽一二叶制成的，是白茶中的上乘佳品。

白牡丹的传说

相传在西汉时期，有个为官清正廉洁的太守，秉公执法，爱民如子，对于官场上的贪污腐败、阿谀奉承的现象实在看不下去，无法忍受这种风气，因此决定弃官与母亲一起隐居于山林之间。母子二人驾着马车来到一座山间时，从远处飘来阵阵的清香，令人心情大为舒畅。这时正好有位樵夫经过，于是问香气从何而来，樵夫告诉他们此香味是由前面不远的一处莲花池畔的白牡丹茶树上飘来的。

母子二人觉得这边十分的安静舒适，有如世外桃源一般，因此定居在此，建房种菜。可是后来由于母亲年老衰弱的缘故，卧病在床，虽然吃了挺多草药，但是没有什么起色。有次梦中一个老仙人告诉他，要治其母病，必须要有仙茶。醒来时他感到十分无奈，不知仙茶在何地，该如何去寻找。正在焦虑之时，他忽然发现眼前的白牡丹变成了茶树, 茶树长满了茶叶。他赶忙把叶采摘下来泡成茶给母亲饮用, 不久母亲的病真的好了。后来母子二人悉心照顾这些茶树, 将采摘下来的茶制成茶叶与当地老百姓一同饮用。这种茶后来就得名为白牡丹茶了。

3. 贡眉

贡眉, 是白茶中产量最高的一个品种, 产量约占到了白茶总产量的一半以上。它是以菜茶茶树的芽叶制成, 这种用菜茶芽叶制成的毛茶称为"小白", 以区别于福鼎大白茶、政和大白茶茶树芽叶制成的"大白"毛茶。以前, 菜茶的茶芽曾经被用来制造白毫银针等品种, 但后来则改用"大白"来制作白毫银针和白牡丹, 而小白就用来制造贡眉了。

贡眉的故事

清代萧氏兄弟制作的寿眉白茶被朝廷采购, 当地人把朝廷采购的物品称为贡品, 贡品寿眉白茶就简称为"贡眉", 称呼即来源于此。

实际上, 贡眉可以说是寿眉的升级品, 贡眉和寿眉的唯一区别就在于质量。贡眉原料采摘标准为一芽二叶至一芽三叶, 要求带有嫩芽、壮芽。寿眉为白叶茶, 采的茶叶基本为叶片。贡眉是上品, 贡眉的质量要优于寿眉。

4. 寿眉

寿眉是用采自菜茶品种的短小芽片和大白茶片叶制成的白茶。贡眉的产区主要位于福建省的建阳, 在建鸥、浦城等也有生产。制作贡眉的鲜叶的采摘标准为一芽二叶至一芽三叶, 采摘时要求茶芽中含有嫩芽、壮芽。寿眉的制作工艺分为初制和精制, 制作方法与白牡丹茶基本相同。优质的寿眉成品茶毫心明显, 茸毫色白且多, 干茶色泽翠绿, 冲泡后汤色呈橙黄色或深黄色, 叶底匀整、柔软、鲜亮, 叶片迎光看去, 可透视出主脉的红色, 品饮时感觉滋味醇爽, 香气鲜纯。

寿眉小知识

寿眉虽然比较粗老，但是在口感上完全不比上等白茶差，如果是制作精良、保存完好、发酵充分的白茶往往比白牡丹甚至是白毫银针的口感更佳。

寿眉有退烧、解毒和消暑的出色功效，可以延长寿命和延缓衰老，它所含有的多酚和酯类可以提高人体中胰岛素的合成，从而起到调节血糖的作用，对调理糖尿病有很好的效果。另外，经常喝寿眉白茶还可以减少高血压和高血脂等疾病的发生，它可以降低血液的黏稠度，让血液在体内循环更加顺畅，对心脑血管疾病预防效果良好。

5. 新工艺白茶

新工艺白茶为福建的特产，主要产区在福鼎、政和、松溪、建阳等地。新工艺白茶简称新白茶，是按白茶加工工艺，在萎凋后轻揉制成。新工艺白茶外形叶张略有缩摺呈半卷条形，色泽暗绿带褐，香清味浓，汤色味似绿茶但无清香，似红茶但无酵感，浓醇清甘是其特色。因工艺茶条形较贡眉紧卷，汤味汤色较浓，受到消费者的欢迎。

有关研究表明，白茶茶叶中的"三抗三降"功效好，而新工艺白茶又比白茶中的其他产品更有效果，尤其是新工艺白茶的防癌功效更强。因此，新工艺白茶是最受欢迎的白茶产品之一。

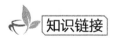 知识链接

白茶与健康

白茶在降低肝、脑组织中的脂质过氧化物水平、增强机体细胞免疫功能的作用、降低血清总胆固醇和甘油三酯、增强机体的保肝功能以及降脂减肥等方面均具有显著效果。中医药理证明，白茶茶性清凉，消热降火，消暑解毒，具有治病之功效。

多年来国内外专家学者的研究结果表明，白茶除了具有与其他茶类一样的调节血脂、预防心脑血管疾病、调节免疫功能、抗氧化（延缓衰老）、抗辐射、美容祛斑、抗肿瘤、抑菌抗病毒等方面的保健药用价值，在保护心血管系统、抗氧化、保护肝脏、抑制癌细胞活性、调节血糖水平等方面更具效果。

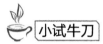 小试牛刀

请查找相关资料，编写一篇介绍白毫银针的导游词。

身体力行

游客在大木茶室饮用了白茶后，感觉非常好，想更加深入了解白茶。请你结合所学的知识以导游的身份向游客介绍白茶知识。

课外拓展

1. 白茶，属 _____，指一种采摘后，不经 _____，只经过 ___ 后加工的茶。

2. 白茶最主要的特点是 _____，素有"_____"之美感。

3. 白茶中产量最高的品种是 _____。

4. 新工艺白茶简称新白茶，是按白茶加工工艺，在 _____后加入制成。

5. 中医药理证明，白茶茶性 _____，消热降火，消暑解毒，具有治病之功效。

<h1 style="text-align:center">任务二　说丽水白茶</h1>

学习目标

1. 了解丽水白茶的品质特点。

2. 了解丽水白茶的主要品种。

趣闻轶事

<h2 style="text-align:center">白茶仙姑</h2>

　　很久以前，有一位叫蓝二婶的寡妇，住在山边，以打柴为生。一次去山上打柴，她遇见一位老和尚病在路上，就把老和尚扶回家疗养。和尚让她用山泉煮茶草给他喝，喝了一段时间病渐渐痊愈。老和尚把茶籽种在地上，不久，茶芽破土并渐渐长成了茶树。他采下茶叶搓了又搓，炒了又炒，然后装在一个细腰葫芦里。有一天，蓝二婶的儿子肚子疼，和尚用刀割开自己的手掌，血滴在茶树根上，只见那翠绿的茶叶突然变白了。和尚用白茶煮水，治好了蓝二婶儿子的病。和尚死后，蓝二婶就用白茶水给乡亲们治病，使很多乡亲恢复了健康，乡亲们因此把蓝二婶称作"白茶仙姑"。

任务描述

　　在大木山茶室里，游客听说银猴白茶是本地特色茶，于是就点了银猴白茶。作为茶艺师，此时该如何向客人介绍呢？

任务知识

一、走进大木山茶园

大木山骑行茶园，位于松阳县新兴镇横溪村，是松阳生态茶园的典范，是浙江省优秀休闲运动旅游基地，是中国最大的骑行茶园。景区茶园面积八万余亩，其中核心区块面积三千余亩，区内丘陵连绵，水网密布，茶香四溢，景色

图3.2　大木山茶园一角

宜人，骑行车道贯穿其中。景区现建有休闲健身骑行环线8.3公里，专业骑行赛道7公里。景区基础设施较为完善，能为游客提供山地自行车租赁和电瓶观光车游览等服务，是集茶园观光、茶文化体验和运动休闲为一体的旅游景区（见图3.2）。

二、丽水白茶的品质特点

丽水白茶白色芽毫多，汤浅黄，毫香显，毫味重。它满披银毫，色泽光润；香高持久，滋味鲜醇爽口，汤色清澈嫩绿；叶底嫩绿成朵，匀齐明亮，从灰绿到黄绿，梗及叶脉微红；叶面色泽灰绿、墨绿或翠绿；叶背银白色、叶脉微红；毫香浓显，滋味鲜爽醇厚清甜，汤色橙黄明亮。丽水白茶具有观赏、营养、经济三大价值，其外形细秀，形如凤羽（见图3.3）；色如玉霜，光亮油润，鲜爽馥郁，滋味甘醇；富含人体需要的13种氨基酸，氨基酸含量为6.29%，高于普通绿茶一倍。

三、丽水白茶的名品

丽水白茶名字虽含"白茶"，但其工艺更接近绿茶，在整体上应属于绿茶，这里作专门说明。

图3.3　丽水白茶

（1）松阳银猴白茶。

松阳银猴白茶因条索卷曲多毫、形似猴爪、色如银而得名。松阳银猴茶为浙江省新创制的名茶之一，产于国家级生态示范区浙南山区。银猴山兰、银猴龙剑、银猴白茶、银猴香茶等名茶系列品质优异，饮之心旷神怡，回味无穷，被誉为"茶中瑰宝"。其成品条索粗壮弓弯似猴，满披银毫，色泽光润；香高持久，滋味鲜醇爽口，汤色清澈嫩绿；叶底嫩绿成朵，匀齐明亮，1986年被评为浙江省优胜名茶之一。

（2）景宁惠明白茶。

景宁惠明白茶产自景宁畲族自治县红垦区赤木山惠明寺及际头村附近，是浙江传统名茶、全国重点名茶之一，明成化年间列为贡品。其成茶外形肥壮紧结略扁，所用鲜叶为芽头肥大、叶张幼嫩、芽长于叶的一芽一叶，叶芽稍有白毫，乳白中带淡黄，冲泡后又呈白色，人称白茶。曾获巴拿马万国博览会金质奖章和一等证书。

（3）云和雾羽白茶。

云和雾羽白茶产自云和县，是云和县雾羽白茶专业合作社开发、生产、经营的一款白茶。

（4）凤阳春白茶。

凤阳春白茶产自龙泉市，由龙泉市凤阳春有限公司开发、生产、经营的一款白茶。

　知识链接

茶与茶圣

说起茶，就一定不能不提一个人：茶圣陆羽。陆羽是唐代著名的茶学家，他所著的《茶经》是世界上第一部茶叶专著，因而他也被后人尊为"茶圣""茶仙""茶神"等。

名人的一生往往充满各种神奇际遇，陆羽也是。陆羽大约生活在733～804年，这是唐王朝由盛转衰的一个时期。相传，陆羽出生不

久就被遗弃，幸得一群大雁庇护，后来被一位名叫智积的和尚收养。陆羽虽身在庙中，却不愿终日诵经念佛，而是喜欢吟读诗书。陆羽执意下山求学，遭到了禅师的反对。禅师为了给陆羽出难题，同时也是为了更好地教育他，便叫他学习冲茶。在钻研茶艺的过程中，陆羽碰到了一位好心的老婆婆，不仅学会了复杂的冲茶的技巧，更学会了不少读书和做人的道理。经过长期的煮茶、品茶实践，陆羽终于煮出了好茶。当陆羽最终将一杯热气腾腾的苦丁茶端到禅师面前时，禅师终于答应了他下山读书的要求。陆羽对茶颇有造诣，所著《茶经》一书，对我国茶文化发展影响极大，被后世尊称为"茶圣"。

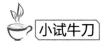

小试牛刀

请结合松阳白茶的知识，写一篇介绍松阳银猴白茶的导游词。

身体力行

游客在大木茶室饮用了松阳银猴白茶后，感觉非常好，想更加深入了解银猴白茶。请结合所学的知识，以导游的身份向其介绍银猴白茶知识。

课外拓展

1. 大木山骑行茶园，位于 _____ 新兴镇横溪村，是松阳生态茶园的典范，是浙江省优秀休闲运动旅游基地，是 _____ 最大的骑行茶园。

2. _____ 因条索卷曲多毫，形似猴爪、色如银而得名。

3. 景宁惠明白茶是浙江传统名茶、全国重点名茶之一，_____ 列为贡品。

4. 凤阳春白茶产自 _____。

5. 茶圣 _____ 对茶颇有造诣，所著《茶经》一书，对我国茶文化发展影响极大。

任务三 识白茶之器

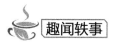

学习目标

1. 了解白茶冲泡的茶器。
2. 了解茶礼中的行姿礼。

趣闻轶事

白瓷茶具

中国瓷器的制作历史悠久，品种繁多。除了高贵典雅的青花和色彩艳丽的彩瓷外，素雅的白瓷也是人们喜爱的一个品种。白瓷虽然没有斑斓的花纹和艳丽的色彩，但在朴实无华中，它展示给人们的是那自然天成的美。白瓷一般是指瓷胎为白色，表面为透明釉的瓷器。上海博物馆珍藏了很多唐代白瓷。这些唐代的白瓷制作讲究，胎土淘洗洁净，杂质少，个胎很细，而且白度比较高，上了一层透明釉以后，颜色很白。茶圣陆羽在《茶经》中，曾推崇唐代邢窑白瓷为上品，并形容它的胎釉像雪一样洁白。唐代，白居易曾作诗盛赞四川大邑生产的白瓷茶碗，说明当时白瓷已经深受人们的喜爱。白瓷茶具造型精巧，装饰典雅，其外壁多绘有中国书画，励志抒情。白瓷胚质透明细腻，色泽洁白，能很好地衬托茶汤色泽，所以白瓷茶具的使用率是最高的。

任务描述

客人走进茶艺馆，点了一壶白茶，看到里面陈列着很多茶器，有玻璃的、有陶瓷的、有紫砂的等琳琅满目,于是就询问茶艺师。作为茶艺师,你该如何为客人介绍茶器呢?

 任务知识

一、茶器知识

一杯好喝的茶要具备很多因素,茶好、水好、器好、水温到位、出汤时间准确、环境雅致,泡茶与喝茶的人气场相恰等缺一不可。在这么多因素中,泡茶器皿占据着非常重要的位置。茶具,按其狭义的范围是指茶杯、茶壶、茶碗、茶盏、茶碟、茶盘等饮茶用具。我国的茶具,种类繁多,造型优美,除实用价值外,也有颇高的艺术价值,因而驰名中外,受到历代茶爱好者青睐。据制作材料而分为陶土茶具、瓷器茶具、漆器茶具、玻璃茶具、金属茶具和竹木茶具等几大类。

二、白茶冲泡的茶器

1. 玻璃杯泡

(1)玻璃杯冲泡基本知识。

采用透明玻璃杯泡饮细嫩名茶,便于观察茶在水中的缓慢舒展、游动、变幻过程——人们称其为"茶舞"(见图3.4)。浙江大学童启庆教授曾将玻璃杯冲的技艺概括为8道程序:备具、赏茶、置茶、浸润泡、冲泡、奉茶、品尝、收具。上海天天旺茶宴馆刘秋萍女士也将用玻璃杯冲泡的技艺归纳为赏茶、温杯、投茶、冲泡、奉茶、品尝几个要点。与前者相比,多了一道"温杯"程序,而且要求颇为严格:"在150毫升的杯中注入1/3的沸水。用右手的大拇指和食指捏住玻璃杯的下端,中指、无名指、小指自然向外,左手的中指轻托杯底。将水沿杯口借助手腕的自然动作,旋转一周,但必须滴水不漏。"这种烫杯手法,动作轻缓柔和,具有一定的观赏性,给客人一种顺其自然、恬淡宁

图3.4 茶舞

静的感觉，使浮躁的心情得以缓解。

（2）白茶玻璃杯冲泡茶具。

冲泡茶具如表 3.1 所示。

表 3.1　白茶玻璃杯中冲泡茶具

茶具名称	图片
玻璃杯	
随手泡	
茶道组	
茶荷	
茶船	

续表

茶具名称	图片
茶仓	
茶巾	

2.盖碗冲泡

（1）盖碗冲泡基本知识。

盖碗是一种上有盖、下有托、中有碗的茶具，又称"三才碗"。盖为天、托为地、碗为人。品盖碗茶，韵味无穷。茶盖放在碗内，若要茶汤浓些，可用茶盖在水面轻轻刮一刮，使整碗茶水上下翻转，轻刮则淡，重刮则浓，是其妙也。一些懂茶道的人很会品茶，他们认为，如果茶香而不清则是一般的茶，香而不甜是苦茶，甜而不活也不能称之为上等茶，只有鲜、爽、活的茶才是最好的茶。盖碗茶盛行于清代京师（北京），大家贵族、宫廷皇室以及高雅之茶馆，皆重盖碗茶。盖碗茶宜于保温，故后来流行各地。

（2）白茶盖碗冲泡茶具。

白茶盖碗冲泡茶具详见表 3.2 所示。

表 3.2　白茶盖碗冲泡茶具

茶具名称	图片
盖碗	

续表

茶具名称	图片
品茗杯	
随手泡	
茶道组	
茶荷	
茶船	
茶席	

续表

茶具名称	图片
茶巾	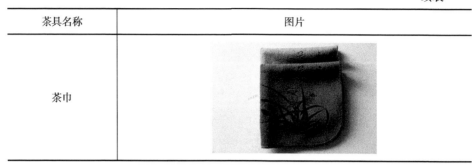

 知识链接

宋代点茶、斗茶

宋代是中国茶文化的鼎盛时期，上至王公大臣、文人僧侣，下至商贾绅士、黎民百姓，无不以饮茶为时尚，饮茶之法以点茶为主。宋代点茶比唐代煎茶法更为讲究，包括将团饼炙、碾、罗，以及候汤、点茶等一整套规范的程序。

宋代的点茶形式是将团饼经炙茶后将茶碾磨成粉末状，然后再用筛罗分筛出最细腻的茶粉投入茶盏中，即用沸水冲点，随即用茶筅快速击打，使茶与水充分交融并使茶盏中出现大量白色茶沫为止。宋代点茶时强调水沸的程度，谓之"候汤"。候汤最难，未熟则沫浮，过熟则茶沉，只有掌握好水沸的程序，才能冲点出茶的色、香、味。宋代点茶，煮水改用肚圆颈细高的汤瓶，因为很难用眼辨认煮水的程度，因此只能依靠水沸的声音来判断煮水。南宋罗大经在《茶瓶汤候》中详细记载了煮水的要领："近世瀹茶，鲜以鼎镬；用瓶煮水，难以候视，则当以声辨一沸二沸三沸之节。"他认为，水初沸时，如砌虫声唧唧万蝉催；忽有千车辐载来，则是二沸；听得松风并涧水，即为三沸，此时，便应及时提起汤瓶，将开水注入已放有茶粉的茶盏中，随即用茶筅击打茶汤，直至水与茶充分交融，茶汤表面浮起一层白色茶沫为止。罗大经还认为，瀹茶之法，汤欲嫩而不欲老，汤嫩则

茶味甘，老则过苦矣。

斗茶是宋代茶事活动主要内容之一，当时流行于上流社会、文人雅士之中的斗茶形式，主要是猜测茶叶的产地、辨别茶叶的采摘时间、说出当下喝的是春茶还是秋茶，以及辨明点茶之水的来源和品质。这种带有强烈赌博色彩和游戏乐趣的斗茶方法，通过日本僧人传到了日本，经日本几代茶人的共同努力，同时受浙江余杭径山寺《禅院清规》的影响，在不断融入日本本国审美情趣的基础上，发展成为集日本品茗文化艺术为一体的茶道。而流行于民间的主要斗茶形式，是以评出点茶技术和茶品的优劣为主，斗茶又称茗战。这种斗茶形式促进了当时茶叶品质和点汤技艺的提高。

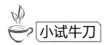

请练一练茶礼中的行姿礼。

注意要点：行茶礼目的在于自省修身、追求完美、提升生活品位。多采用含蓄、谦逊、诚挚的动作。基本要求：站势笔直，走相自如，坐姿端正，挺胸收腹，腰身和颈部须挺直，双肩平正，筋脉肌肉放松，调息静气，目光祥和，表情自信，侍人谦和，行礼轻柔而又表达清晰，面带微笑。

人的正确行姿是一种动态美。

男性行姿：双手自然下垂，呈半握拳状。头部微微抬起，目光平视，肩部放松。手臂自然前后摆动，身体重心稍向前倾，腹部和臀部要向上提，大腿带动小腿身前迈进。一般每一步幅之间的距离为20～30厘米，行走路线为直线。

女性行姿：双手放于腰部不动，或双手放下。手臂自然前后摆动，颈直，肩平正，脚尖身正前方，自然迈步。步速和步幅也是行走姿态的重要方面，由于茶艺人员的工作性质，在行走时，要求保持一定步速，不要过急，步幅不可以过大，否则，会给客人带来不安静和不舒服的感觉。

身体力行

模拟讲解：请以茶艺师的身份向客人介绍白茶的相关茶器。

课外拓展

1. 茶具，据制作材料而分为 _____、_____、_____、_____、金属茶具和竹木茶具等几大类。

2. 采用透明玻璃杯泡饮细嫩名茶，便于观察茶在水中的缓慢舒展、游动、变幻过程，人们称其为"_____"。

3. 浙江大学童启庆教授曾将玻璃杯冲的技艺概括为8道程序：备具 _____、_____、_____、_____、_____、_____、收具。

4. 盖碗是一种 _____、_____、_____ 的茶具，又称"三才碗"，盖为天、托为地、碗为人。

5. 宋代点茶时强调 _____，谓之"候汤"。

任务四 习白茶之艺

 学习目标

1. 了解白茶冲泡的三要素。

2. 掌握白茶的冲泡流程。

3. 了解白茶冲泡的主要手法。

 趣闻轶事

苏东坡与茶

相传，宋代大诗人苏东坡有一次出游，来到一座庙中小憩，庙里主事的老和尚见他衣着简朴，相貌平常，对他非常冷淡，顺便说了声"坐"，又对道童说"茶"。

待苏东坡坐下交谈后，老和尚方觉得客人才学过人，来历不凡，又把东坡引至厢房中，客气地说"请坐"，并对道童说"敬茶"。

二人经过深入交谈，老和尚才知道来客是著名的大诗人苏东坡，顿时肃然起敬，连忙作揖说"请上坐"，把东坡让进客厅，并吩咐道童"敬香茶"。

苏东坡在客厅休息片刻，欲告别老和尚离去。老和尚忙请苏东坡题字留念。东坡淡然一笑，挥笔写道："坐请坐请上坐；茶敬茶敬香茶。"

老和尚看罢，顿时面红耳赤，羞愧不已。

任务描述

在茶艺馆内，客人点了白茶，欣赏了茶艺师的白茶冲泡表演后，非常想学

习白茶的冲泡技艺。作为茶艺师，你该如何帮助他们？

 任务知识

1. 白茶冲泡的三要素

在各种茶叶的冲泡程序中，茶叶的用量、水温和茶叶浸泡的时间是冲泡技巧的三个基本要素。

（1）投茶量。

冲泡白茶时，用茶量与绿茶相仿，每克茶的开水用量为 50 ~ 60ml。要注意的是，在冲泡针状白茶时，如白毫银针，每杯茶的投放量应恰到好处，太多和太少都不利于欣赏杯的茶的姿形景观。

（2）冲泡水温。

白茶多采用细嫩的茶芽为原料加工而成，如白毫银针。由于白茶不炒不揉，自然萎凋至干或烘干，内含物质保留完整，细胞未破碎，因此冲泡温度可在 90 ~ 95℃，从而使茶芽条条挺立，犹如雨后春笋，使饮茶者通过玻璃杯观赏茶芽的形和姿。

（3）冲泡时间。

因为这类茶在加工时，未经揉捻，茶汁不易浸出，需加长冲泡时间。所以常在冲泡 30 ~ 50 秒后才开始品茶，品茗者可以在这段时间欣赏茶芽的变化。

2. 白茶冲泡流程

白茶是我国茶品种的珍品，色、香、味、形俱佳，在冲泡过程中必须掌握一定的技巧才能使冲泡出来的茶汤鲜爽甘醇，浓香四溢。冲泡流程见表 3.3。

表 3.3　白茶冲泡流程

序号	流程	流程详情
1	备具	首先要准备好泡茶的用具，包括茶壶、茶杯、茶匙、茶巾等
2	置茶	用茶匙将适量白茶茶叶放入茶杯中
3	温杯	将烧好的热水倒入茶具中，对茶具进行温热一遍，是茶具均匀受热，然后将水倒掉
4	洗茶	往茶杯中倒入开水，然后用茶盖刮去茶沫，将洗茶水倒掉。洗茶的过程不宜太长

序号	流程	流程详情
5	泡茶	往茶杯中倒入开水，盖上杯盖冲泡几分钟后即可完成
6	分茶品饮	将泡好的茶水倒入公道杯中，然后分置到小杯中进行品饮
7	再次冲泡	第二次冲泡的手法与第一次相同，只是时间要比第一泡增加15秒。以此类推，每冲泡一次，冲泡的时间也要相对增加
8	收具	整理桌面，把所有泡茶的工具收拾到茶盘中

上述的过程就是白茶的冲泡过程，泡茶可以多几次，茶叶差不多可以泡6～8次。

3. 白茶冲泡的主要手法

白茶不炒不揉的加工工艺决定了其耐泡特性，一杯白茶可冲泡6～8次。白茶可根据共饮人数和泡茶用具而分为如下5种冲泡方法。

（1）杯泡法：适合一人独饮。用200ml透明玻璃杯，取3～5克白茶，用约90℃开水，先洗茶温润闻香，再用开水直接冲泡白茶，冲泡时间根据个人口感自由掌握。

（2）盖碗法：适合二人对饮。取3克福鼎白茶投入盖碗，用90℃开水洗茶温润闻香，然后像工夫茶的白茶泡法，第一泡30～45秒，以后每次递减，这样能品到白茶的清新口感。

（3）壶泡法：适合三五人雅聚，用大肚紫砂壶茶具最佳或大容量飘逸杯，取5～6克白茶投入其中，用约90℃开水洗茶温润闻香，45秒后即可品饮，特点：毫香醇厚。

（4）大壶法：适合家庭、群体共饮和长时间饮用。取10～15克白茶投入大瓶瓷壶中，用90～100℃开水直接冲泡，喝完蓄水。白茶具有耐泡、长时间搁置后口感依然淡雅醇香的特点，可从早喝到晚，非常适合作家庭夏天消暑用茶和保健用茶。

（5）煮饮法：适合保健之用。用清水投入10克3年以上陈年老白茶，煮3分钟至浓汁滤出，待凉至70℃添加大块冰糖或蜂蜜趁热饮用。常用于治疗嗓子发炎、发烧、水土不服等，其口感醇厚奇特。亦有夏天冰镇后饮用，别有一番风味。

4. 白茶品饮茶艺解说词（松阳银猴白茶）

"毫曲汤明发异香，西湖博览美名扬。猴年喜见银猴起，古邑松阳放彩光"。松阳地处浙江省丽水市，气候温和，冬暖春早，空气鲜润。独特的地理环境和丰富的光热资源，自古就有"处州吃粮靠松阳"之美誉。天地自然之造化，赋予松阳茶叶更多的灵气。道教名家叶法善，在松阳卯山修炼期间，培育了"卯山仙茶"，后被列为唐朝宫中贡品，民间以此法培育茶叶，饮誉一方。好茶还要配好的茶艺，下边就由我为各位嘉宾献上"松阳银猴白茶"茶艺。

第一道，"焚香以静气"。

"茶须静品，香可通灵"。品饮松阳银猴白茶这种文明堆积厚重的茶，需要静下心来，才能从茶中品尝出中华民族的传统文化。

第二道，"冰心去凡尘"。

银猴白茶讲究品与观同步，因而用的是晶莹剔透的玻璃茶具。要求所用器皿也需至清至洁，才能相映成趣，陶心醉肺，世称"冰心去凡尘"。上等的银猴茶取用"卯山仙水"冲泡。此"卯山仙水"是来自国家生态示范区的山涧地下之水，水质清冽，具有清、活、甘、冽的特征，历来为银猴白茶首选之水。

第三道，"银猴齐亮相"。

特级松阳银猴茶 500 克需采撷 6 万多个芽叶，制茶工艺极为讲究，形如银毫披满身，条索浑直肥壮，白毫恰似镀银，色泽鲜活光润，形似深山活泼小猴，粟香持久。

第四道，"清宫迎银猴"。

用茶匙取 3 克茶叶投入冰清玉洁的玻璃杯中，茶水比为 1∶50。此时的银猴茶如春风拂面，俊俏妩媚，银绿隐翠，很是可爱。

第五道，"醴泉润香茗"。

上好的银猴白茶，在开泡前先向杯中注入少许沸水，使茶叶充分浸润，促使可溶物质释出，再用运动的方法进行适度摇香，使茶叶在杯中初步展开，充分发挥茶香。这样冲泡出的银猴白茶，汤色鲜明，滋味浓鲜，既可润心沁肺，又可举盏把玩，乃品茶大家之雅举。

第六道，"凤凰三点头"。

佳丽执壶，纤手冲泡，水壶合着节拍三起三落，状胜凤凰三点头，高冲低斟缓缓冲盈杯中，此时杯内银猴玩兴大发，腾挪跌宕，煞是好看，茶汤浓度均匀一致，香气尽溢。泡制银猴白茶需加水到杯中容量的七分，意示"七分茶，三分情"。凤凰三点头乃文雅之举，意向嘉宾三鞠躬行礼以表敬意。

第七道，"香茗奉嘉宾"。

莲花移步，款款而行，香随身动，动牵茶香，双手捧杯，举盏齐眉，含情注目，向嘉宾行点头礼，道个万福，并奉上银猴白茶，请君品茗啜饮。

第八道，"春波展银猴"。

杯中的热水如春波荡漾，银猴茶芽徐徐舒展。各位嘉宾在品味之前，可先欣赏嫩绿明亮的茶水中，那千姿百态的茶芽在杯中随波起舞，少许芽头忽升忽降，上下交错，蔚然趣观，芽光水色浑然一体，似无数的精灵在升腾。

第九道，"银猴迎锦绣"。

喝了银猴茶大家定感口有余甘，齿颊留香，心有余味，余韵无穷。品茶如品味人生，甘鲜、醇厚的银猴茶需用心灵去感悟，品出天间至清、至醇、至真、至美的韵味。

第十道，"银猴送清心"。

最后一道是谢茶，这是精神境界的提升，也是茶人的追求。

尘虑一时净，清风两腋生；客至心长热，人走茶不凉；只缘清香成清趣，全因浓酽有浓情。今天的松阳银猴白茶茶艺展示到此结束，希望茶能给各位嘉宾带来健康，带来快乐。小小一杯清茶，把你我紧紧联系在一起，让我们以茶会友，期待下一次美妙的重逢！

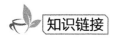 知识链接

茶文化与禅文化

中国茶道是东方文化的瑰宝。茶是一种情调、一种沉默、一种忧伤、一种落寞，也可以说是记忆的收藏。每个人都宛若一片茶叶，或

早或晚要融入这变化纷纭的大千世界。在融合的过程中，社会不会刻意地留心每一个人，就像饮茶时很少有人在意杯中每一片茶叶一样。茶叶不会因融入清水不为人在意而无奈，照样只留清香在。

禅是梵文音译，意译作"静虑"解。就禅而言，茶本身没有贵贱之分，而需要茶客做的仅有两点：一是心静，二是体悟。在烹茶品茗过程中，领悟茶之静，茶之逸，茶之真。吴越茶客徜徉于山水田园，释然于物我两忘的情境，可以说进入了茶禅悟境；天府百姓认定富在今世，乐在眼前，其安逸恬然也算得禅；陇东老农坦然淡泊，得度人时且度人，有隐忍慈悯的宽厚胸怀，也算茶之得味者。只不过他们生存境况不同、体味厚薄有差异罢了。

茶道中，不可不说佛道，茶亦不离佛道。在茶文化的成形、推广过程中，僧人这个群体功不可没。年代久远，大部分茶僧的生平已做传奇说，但其中亦有弥足珍贵的历史痕迹，让我们一一结识它们。禅茶一味，共参禅机、茶理。静为佛之首，空为佛之本，苦为佛之身，隐为佛之理，禅是茶的升华。佛与茶的共同诉求是心，是感悟，是顿想，是自我修行，是生命协调。

佛要清除人类心灵的杂尘，茶则是洗净上面的污垢，不留一丝细痕。茶是人、神、佛共同的饮品，是天堂、人间、地狱一致的灵魂净化精、身体洗礼水。

一茶一禅，两种文化，有同有别，非一非异。一物一心；两种法数，有相无相，不即不离。茶文化与禅文化同兴于唐，其使茶由饮而艺而道，融茶禅一味者，则始自唐代禅僧抚养、于禅寺成长之茶圣陆羽。其所著《茶经》，开演一代茶艺新风。佛教禅寺多在高山丛林，得天独厚，云里雾里，极宜茶树生长。茶禅并重为佛教传统。

小试牛刀

通过课程的学习，同学们掌握了白茶的基本茶艺流程。请大家在课后进行白茶茶艺的练习。

身体力行

请进行白茶沏泡服务训练。在进行训练前，请填写下表。

任务内容	需要说明的问题
1. 白茶的特点	
2. 白茶的制作过程	
3. 白茶的分类	
4. 茶具的准备	
5. 人员的准备	
6. 茶叶的准备	
7. 沏泡过程	
8. 注意事项	

课外拓展

1. 白茶冲泡的三要素是：_____、_____、_____。

2. 冲泡白茶时，因为这类茶在加工时，未经 _____，茶汁不易浸出，需加长冲泡时间。所以常在冲泡 30 ~ 50 秒后才开始品茶。

3. 白茶冲泡的手法主要有：_____、_____、_____、_____、_____5 种。

4. 适合家庭、群体共饮和长时间饮用一般用 _____ 进行冲泡。

5. 茶文化与禅文化同兴于 _____，其使茶由饮而艺而道，融茶禅一味者，则始自唐代禅僧抚养、于禅寺成长之茶圣 _____。

项目四　走进丽水红茶

任务一　知红茶之源

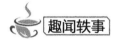 学习目标

1. 红茶的分类、工艺与品质特点。
2. 红茶名品的模拟讲解。

趣闻轶事

　　据传，百多年来，红茶一直是欧美发达国家上流社会最钟爱的饮品，引领了近现代世界饮料潮流。英国女王伊丽莎白二世非常喜欢喝英德红茶。英德红茶被英国皇室认为是靓茶，而且在1963年英国女王的盛大宴会上用英德红茶FOP招待贵宾。英国女王每天都要饮红茶，以保持健康苗条的身材。1986年，女王来我国访问时，还特地去选购红茶以待贵宾。

　　英国是世界上饮红茶最多的国家之一，而饮下午茶更是一种高雅的社交活动。在英国，人们在进下午茶点时，茶要点点啜饮，点心要细细品尝，着装要典雅入时。人们将饮茶视为一种高贵身份的象征。而当时的红茶是下午茶中的极品，是"英国贵妇人的下午茶"。英德红茶远销海外各国，备受人们喜欢。

　　英德红茶产自广东，在唐朝已有记载，因极佳的味道而广受人们好评。20世纪50年代中期，第一批现代化新式茶园（单行条列式）在广东省属英德茶场诞生。茶场首次引种云南大叶种成功。1959年

第一批英德红茶问世，初次出口，就受到国内外茶叶界人士的赞赏和推崇。英德红茶独特的鲜爽风格和优良品质堪与印、斯红茶媲美而蜚声海内外。90年代初，英德红茶研发出来的"金毫茶"产品更成红茶之最，被称为"东方金美人"。

任务描述

一天，八位云南客人在浙江省第二高峰百山祖游览结束，来到我们茶馆，想要品尝浙闽的茶，我们推荐浙闽生产的红茶，主要有闽红工夫和正山小种等。茶艺师详细介绍了这几种茶各自的特点，供客人选择品饮。

任务知识

红茶，属于全发酵茶类。最基本的品质特点是红汤、红叶（红，实为黄红色）、味甘。干茶色泽偏深，红中带乌黑，所以英语称"Black Tea"，意即"黑色的茶"。优质红茶的干茶色泽乌黑油润，冲泡后具有甜花香或蜜糖香，汤色红艳明亮，叶底红亮。因其完全发酵，比较温和，因此在养胃方面的功效特别突出，特别适宜胃寒的人群饮用。其他功效包括帮助胃肠消化、促进食欲，可利尿、消除水肿，并增强心脏功能；抗菌力强，用红茶漱口可防滤过性病毒引起的感冒，并预防蛀牙与食物中毒，降低血糖与高血压。我国红茶有小种红茶、工夫红茶、红碎茶三种（见图4.1）。我国目前以生产工夫红茶为主，小种红茶数量较少。红茶中具有代表性的花色品种有中国祁门红茶（祁红具有特殊的花香，俗称"蜜糖香"）、滇红、正山小种

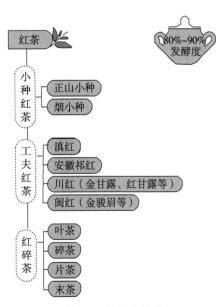

图4.1 红茶的种类

红茶、大吉岭红茶、斯里兰卡高地山茶及肯尼亚红茶等。

一、红茶的工艺

我国红茶包括工夫红茶、红碎茶和小种红茶，制法大同小异，都有萎凋、揉捻、发酵、干燥四个工序。各种红茶的品质特点都是红汤红叶，色香味的形成都有类似的化学变化过程，只是变化的条件、程度上存在差异而已。下面以工夫红茶（见图4.2）为例，简单介绍红茶的制造工艺。

图 4.2　工夫红茶

一般红茶的工艺流程是：萎凋—揉捻（揉切）—发酵—干燥。

1. 萎凋

萎凋是指鲜叶经过一段时间失水，使一定硬脆的梗叶成萎蔫凋谢状况的过程，是红茶初制的第一道工序。经过萎凋，可适当蒸发水分，叶片柔软，韧性增强，便于造型。此外，这一过程使青草味消失，茶叶清香欲现，是形成红茶香气的重要加工阶段。萎凋方法有自然萎凋和萎凋槽萎凋两种。自然萎凋即将茶叶薄摊在室内或室外阳光不太强处，搁放一定的时间。萎凋槽萎凋是将鲜叶置于通气槽体中，通以热空气，以加速萎凋过程。这是目前普遍使用的萎凋方法。

2. 揉捻

红茶揉捻的目的与绿茶相同，使茶叶在揉捻过程中成形并增进色香味浓度，同时，由于叶细胞被破坏，便于在酶的作用下进行必要的氧化，利于发酵的顺利进行。

图 4.3　茶与茶汤

3. 发酵

发酵是红茶制作的特有过程，经过发酵，叶色由绿变红，形成红茶红叶红汤（见图4.3）的品质特点。其机理是叶子在揉捻作用下，组织细胞膜结构受到破坏，透性增大，使多酚类物质与氧化酶充分接触，在酶促作用下产生氧化聚合作用，其他化学成分亦相应发生深刻变化，使绿色的茶叶红变，形成红茶的色香味品质。目前普遍使用发酵机控制温度和时间进行发酵。发酵适度，嫩叶色泽红匀，老叶红里泛青，青草气消失，具有熟果香。

4. 干燥

干燥是将发酵好的茶坯，采用高温烘焙，迅速蒸发水分，达到保持干燥的过程。其目的有三：利用高温迅速钝化酶的活性，停止发酵；蒸发水分，缩小体积，固定外形，保持干燥以防霉变；散发大部分低沸点青草气味，激化并保留高沸点芳香物质，获得红茶特有的甜香。

二、红茶的品质特点

（1）小种红茶。外形：茶粗松；色泽：乌黑油润；汤色：茶汤黄暗；滋味：浓厚；香气：松柏香味明显，干茶就有松烟香气；叶底：呈旧铜色。

（2）工夫红茶。外形：条索紧结匀直；色泽：乌润，毫金黄；汤色：红亮；滋味：甜醇；香气：馥郁；叶底：红明。

（3）红碎茶。外形：匀整，粒型较小，净度好；色泽：乌润，金毫特显；汤色：红艳；滋味：浓强鲜爽，入口甘醇爽滑；香气：高锐持久；叶底：红润匀亮。

三、红茶名品

1. 宁红

宁红工夫茶是我国最早的工夫红茶之一，简称"宁红"。宁红工夫茶产于江西修水。修水古称宁州，迄今已有千余年的产茶历史。

江西修水位于赣西北边隅，幕阜、九宫两大山脉蜿蜒其间。山多田少，地势高峻，树木苍青，雨量充沛。土质富含腐殖质，深厚肥沃。春夏之际，云凝深谷，雾锁高岗，茶芽肥硕，叶肉厚软，成就了优良的宁红工夫。江西修水山清水秀，云凝雾绕，从唐朝开始种植茶叶。传统宁红工夫茶，享有英、美、德、俄、波五国茶商馈赠为"茶盖中华，价甲天下"的殊荣；当代茶圣吴觉农先生盛赞宁红为"礼品中的珍品"，并欣然挥毫题词"宁州红茶，誉满神州"。

宁红工夫茶采摘要求生长旺盛、持嫩性强、芽头硕壮的蕻子茶，多为一芽一叶至一芽二叶，芽叶大小、长短要求一致。

宁红工夫茶外形条索紧结圆直，锋苗挺拔，略显红筋，色乌略红，光润；内质香高持久、据有独特香气，滋味醇厚甜和，汤色红亮，叶底红匀。高级茶"宁红金毫"条紧细秀丽，金毫显露，多锋苗，色乌润，香味鲜嫩醇爽，汤色红艳，叶底红嫩多芽（见图 4.4）。

每年于谷雨前采摘其初展一芽一叶，长度 3 厘米左右，经萎凋、揉捻、发酵、干燥后初制成红毛茶；然后再经过筛分、抖切、风选、拣剔、复火、匀堆等工序精制。成品茶分为贡品、御品、特级、一级、二级、三级、四级等。特级宁红（又称宁红金毫）要求紧细多毫，锋苗毕露，乌黑油润，鲜嫩浓郁，鲜醇爽口，柔嫩多芽，汤色红艳。

图 4.4　宁红工夫茶

宁红前世

北宋时黄庭坚曾将家乡的精制茶叶推赏京师，赠名士苏东坡等，一时名动京华，欧阳修誉之为"草茶第一"。而宁红茶最早的记录在清朝道光年间，是当时最著名的红茶之一。据当代茶圣吴觉农先生考证说："宁红是历史上红茶的最早支派，宁红早于祁红九十年，先有宁红，后有祁红。"光绪年间，修水茶商罗坤化开设"厚生隆"茶庄，生产的宁红茶，售给俄国茶商，每箱售价高达 100 两白银（每箱 25 千克）。适逢俄皇储到访中华，品尝后大为称赞，赠予宁红茶"茶盖中华，价甲天下"的金边匾额。其后，宁红被列为清廷贡品。1915年，宁红远渡重洋，盛放在美国巴拿马万国博览会上，拿下了最崇高的甲级大奖章。

2.云南滇红

云南滇红亦称云南红茶，简称滇红，产于云南省南部与西南部的临沧、保山、凤庆、西双版纳、思茅、德宏等地。产地内群峰起伏，平均海拔1000米以上。属亚热带气候，年均气温18～22℃，年积温6000℃以上，昼夜温差悬殊。年平均降水量1200～1700毫米，有"晴时早晚遍地雾，阴雨成天满山云"的气候特征。其地森林茂密，落叶枯草形成深厚的腐殖层，土壤肥沃，致使茶树高大，芽壮叶肥，着生茂密白毫，即使长至五六片叶，仍质软而嫩，尤以茶叶的多酚类化合物、生物碱等成分含量，居中国茶叶之首。

定型的滇红茶有叶茶、碎茶、片茶、末茶等4类11个花色，其外形各有特定规格。成品茶外形条索紧结、雄壮、肥硕；冲泡之后汤色红鲜明亮，金圈突出，香气鲜爽，滋味醇厚，富有刺激性；叶底红匀鲜亮，金毫特显，加牛奶后仍然有较强的茶味，呈棕色、粉红或是姜黄鲜亮，以浓、强、鲜为其特色，是外销名茶。

此外，滇红因采制时期不同，其品质也具有季节性变化，通常春茶比夏茶、秋茶好。春茶条索肥硕，身骨重实，净度好，叶底嫩匀。采制夏茶时正值雨季，芽叶生长快，节间长，虽然芽毫显露，但是净度却较低，叶底稍显硬、杂。采制秋茶时正处于干凉季节，茶树生长代谢作用转弱，成品茶身骨轻，净度低，嫩度也比不上春茶和夏茶。

云南滇红得名由来

1937年七七卢沟桥事变，日寇大举侵华，战火绵延我国东南各省茶区，茶叶产量受到制约和破坏。但国际市场对中国红茶如祁红、闽红（均为小叶种茶制造）的需求，使当时国民政府的经济部进退两难。为维护中国红茶在国际上的现有市场，1938年夏，中国茶叶总公司奉命开发西南新茶区。时年9月，中茶公司总经理寿景伟和当代茶圣吴觉农，电邀冯绍裘赴滇考察。11月初，中茶总公司派专员郑和春携技师冯绍裘一行，翻山越岭，抵达顺宁（今凤庆）。冯绍裘基本上是按制造"祁红"的工艺来操作的，其间根据大叶种茶的性变，也作了一些工艺上的改进和创新。所以"滇红"被誉为既有祁门红茶之香气，又有印、锡（斯里兰卡）红茶之色泽。1939 年生产的 16.7 吨"滇红"，经香港运销伦敦，立即产生轰动效应。从此，中国的"滇红"，与印度、锡兰的大叶种红茶并驾齐驱，使国际茶叶市场刮目相看。

首批云南功夫红茶生产出来后，借鉴国内其他红茶产品多以产地命名，同时又想借早晚红云喻义其中，故定名"云红"。1940 年 4 月 9 日，云南中国茶叶股份有限公司采纳众意，借云南简称"滇"，又借巍巍西山龙门之下早晚霞映红的滇池一水，遂将"云红"更名"滇红"，从此，因产品"形美、色艳、香高、味浓"而赢得了市场的赞誉，"滇红"名冠全球。

3. 正山小种

正山小种，又称拉普山小种，属红茶类，与人工小种合称为小种红茶，首创于福建省崇安县（1989 年崇安撤县设市，更名为武夷山市）桐木地区，是世界上最早的红茶，亦称红茶鼻祖，至今已经有 400 多年的历史。其产地以桐木关为中心，另崇安、建阳、光泽三县交界处的高地茶园均有生产。产区四面群山环抱，山高谷深，气候严寒，年降水量达 2300 毫米以上，相对湿度 80% ~ 85%，大气中的二氧化碳含量仅为 0.026%。当地具有气温低、降水多，湿度大，雾日长等气候特点。雾日多达 100 天以上，春夏之间终日云雾缭绕，海拔 1200 ~ 1500 米，冬暖夏凉，昼夜温差大，年均气温 18℃，日照较短，霜期较长，土壤水分充足，肥沃疏松，有机物质含量高。

茶叶是用松针或松柴熏制而成，有着非常浓烈的香味。因为熏制的原因，茶叶呈灰黑色，但茶汤为深琥珀色。真正的桐木红茶外形条索肥实，色泽乌润，泡水后汤色红浓，香气高长带松烟香，滋味醇厚，带有桂圆汤味，加入牛奶茶香味不减，形成糖浆状奶茶，液色更为绚丽。其成品茶外形紧结匀整，色泽铁青带褐，较油润，有天然花香，香不强烈，细而含蓄，味醇厚甘爽，喉韵明显，汤色橙黄清明。

正山小种红茶茶青（鲜叶）的采摘时间在每年五月的上旬，一般采摘一芽三叶。每批采下的鲜叶嫩度、匀度、净度、新鲜度应基本一致。从等级方面看，分为特等仿传统制法小种和特级、一级、二级、三级小种。特等正山小种红茶选用品质最优的毛茶，按最传统的工序进行再加工，保持了古老的正山小种的原汁原味。特级正山小种红茶，条形较小，且干闻时香味更浓，耐泡程度也更好；一级正山小种红茶条形要大些，片梗稍微多些；二级正山小种红茶外观成条，有茶片。香味也是随着等级的下降也随之变淡，耐泡程度相似。

正山小种得名由来

明末某年，时值采茶季节，一支北方军队从桐木关入闽，路过庙湾村时强行驻扎茶坊。这些连日跋山涉水疲惫不堪的兵丁，简单吃喝完便躺在用布盖着的松软的茶青上鼾睡。待官兵开拔后，茶农发现辛辛苦苦从漫山遍野采摘来的茶青因受压发热变成暗红色。茶农心痛不已，便把茶叶搓揉摊开。因下雨无法晾晒，就近取来易于点燃的带油脂的马尾松干柴烧火烘焙。如此烟熏火燎焙干的茶叶色泽乌黑，虽品相异常，但有种甜丝丝的醇香，泡出来的茶汤亮红色，有类似于桂圆干的焦香味。茶农便将它当作次等茶叶带了少量到当年已成规模的星村茶市试卖。这种虽有桂圆馨香的茶叶，在星村茶市，并不受各路茶商认可。

一次，一位在桐木传教的洋人要回欧洲，想带几斤茶叶送给亲友品尝，却不料家家户户都无存货。当问到姓江的农户时，农户如实相告只有这种变黑并有烟味的茶叶了，愿意便宜点卖他。没想到，第二年该传教士托人找到这茶农，还要那种"小有的品种"茶，并愿以高于原来的价钱订购，这就是红茶鼻祖、后人所称道的"正山小种红茶"。这种茶叶武夷山人并不喜欢，国人也不青睐，但欧洲人却对它如痴如醉，黑乌鸦变成了金凤凰。桐木红茶墙里开花墙外香，后来被百姓戏编入顺口溜《武夷十八怪》中，"红茶崇安人不爱，正山小种国外卖"。

鸦片战争后，帝国主义入侵，国内外茶叶市场竞争激烈，出现正山茶与外山茶之争，正山含有正统之意，"小种"是指其茶树品种为小叶种，且产地地域及产量受地域的小气候所限之意，故"正山小种"又称桐木关小种。

4. 祁门红茶

祁门红茶简称祁红。茶叶原料选用当地的中叶、中生种茶树"槠叶种"（又名祁门种）制作，是中国历史名茶，著名的精品红茶。由安徽茶农创制于光绪年间，但史籍记载，最早可追溯至唐朝陆羽的茶经。产于安徽省祁门、东至、贵池（今池州市）、石台、黟县，以及江西的浮梁一带。祁红产区，自然条件优越，山地林木多，温暖湿润，土层深厚，雨量充沛，云雾多，很适宜于茶树生长，加之当地茶树的主体品种——槠叶种内含物质丰富，酶活性高，很适合于工夫红茶的制造。

"祁红特绝群芳最，清誉高香不二门。"祁门红茶是红茶中的极品，享有盛誉，是英国女王和王室的至爱饮品，高香美誉，香名远播，称"群芳最""红茶皇后"。

祁红的主要特点是：茶叶外形条索紧细，苗秀显毫，色泽乌润；茶叶香气清香持久，似果香又似兰花香（国际茶市上把这种香气叫作"祁门香"）；汤色红艳透明，叶底鲜红明亮。滋味醇厚，回味隽永。祁红采制工艺精细，采摘一芽二三叶的芽叶做原料，经过萎凋、揉捻、发酵、干燥等工艺制成初制茶后，再经过三个流程十二道工序制作分级拼配而成。以外形条索紧细均直，色泽乌润为主要特征的工夫红茶，成为祁门红茶；再根据其外形和内质分为：礼茶、特茗、特级、一级、二级、三级、四级、五级、六级、七级。

祁门红茶与邓小平

祁门红茶受到的赞誉和垂爱一直很多。作为国礼茶，祁红被很多名人喜爱。各种喝茶雅事和名人轶事，给它增添了许多人文色彩。1979 年 7 月，邓小平视察黄山时说祁红世界有名。前往祁门旅游的客人，都可以看见县城里的标志性建筑是一座采茶女汉白玉雕像。这是 1988 年修建的，为了庆祝 1987 年祁门红茶获得在比利时布鲁塞尔举办的世界第 26 届优质食品评选授奖大会金奖。雕像后面的大墙上就写着邓小平的"你们祁红世界有名"几个大字。

5. 金骏眉

金骏眉茶，属于红茶中正山小种的分支，原产于福建省武夷山市桐木村。是由正山小种红茶第 24 代传承人江元勋带领团队在传统工艺的基础上通过创新融合，于 2005 年研制出的新品种红茶。金骏眉之所以名贵，是因为全程都由制茶师傅手工制作，每 500 克金骏眉需要数万颗的茶叶鲜芽尖，采摘于武夷山自然保护区内的高山原生态小种新鲜茶芽。武夷山地势高峻，森林覆盖率达 96.3%，主要的产茶区平均海拔均在 1200 米左右，120 天的年均雾日，11 ~ 18℃的年平均气温，2000 毫米左右的年均降水量，平均湿度为 80%，4.5 ~ 5 的土壤 pH 值，30 ~ 90 厘米的土壤厚度。属于典型的亚热带季风气候。这就是金骏眉生长的生态环境。

金骏眉外形细小而紧秀。颜色为金、黄、黑相间。金黄色的为茶的绒毛、嫩芽，条索紧结纤细，圆而挺直，有锋苗，身骨重，匀整（见图 4.5）。开汤汤色金黄，水中带甜，甜里透香，杯底花果香显出无法模仿与超越的稀贵品质。香气特别，干茶清香；热汤香气清爽纯正；温汤（45℃左右）熟香细腻；冷汤清和幽雅，清高持久。无论热品冷饮皆绵顺滑口，极具"清、和、醇、厚、香"的特点。连泡 12 次，口感仍然饱满甘甜。叶底舒展后，芽尖鲜活，秀挺亮丽。

金骏眉要求采取新鲜的茶芽，摘取芽头最鲜嫩的部位。采摘标准为：待茶树新梢长到 3 ~ 5 叶将要成熟，顶叶六七成开面时采下 2 ~ 4 叶，俗称"开面采"。所谓"开面采"，又分为小开面、中开面和大开面，小开

图 4.5　金骏眉茶

面为新梢顶部一叶的面积相当于第二叶的1/2，中开面为新梢顶部第一叶面积相当于第二叶的2/3，大开面新梢顶叶的面积相当于第二叶的面积。金骏眉茶叶等级有高档，中档，低档。高档的茶叶有金色毫毛，味道甘醇；中档的茶叶味道甜淡，金色毫毛少些；低档的茶叶是没有毫毛，味道是平淡的。

金骏眉得名由来

　　大红袍的起源已不可考，流传的都是优美的传说和故事，但对于金骏眉，却是识于偶然，是集体智慧的结晶。2005年7月15日的午后，正山小种红茶第24代传人、高级评茶师、正山茶业董事长江元勋和往常一样，在公司门前与北京来的客人谈论公司发展及茶叶行业的相关问题。此时，北京来的一位姓张的客人对路过的一位持刀镰的农妇产生了好奇，随口就询问江元勋此人去做何事，江元勋见是同村妇人，便答说该妇人是去茶园整理茶地。许是觉得妇人辛劳，张先生便似有所感，说正山红茶都是些老传统，缘何不学绿茶舍些成本试一下，做些高端红茶。

　　建议一提，江元勋顿生灵感，随即叫住妇人，许与40元工钱，请她下午帮忙采些芽尖。结果淳朴的妇人在傍晚归来时采到了1.5斤的茶芽尖。江元勋即刻安排员工将芽尖按红茶制作方式予以萎凋。由于茶青数量太少，萎凋以后只能叫几个人同时用手搓揉，再进行发酵，其时有蜜糖香出现。待发酵后，即刻用火炭进行烘焙，得干茶3两，焙干后顿觉有新发现：其茶香气独特，色泽黑黄相间，绒毛显现，条形犹如海马状，又似美人柳眉。置于茶盘中犹如奔腾之骏马，与原先的红茶产品大不相同。更为难能可贵的是，干茶中隐隐飘出特有的兰花香。在场众人无不心醉神迷。次日，江元勋邀北京客人等共同开泡品尝，顿觉香气满室，综合蜜香、薯香、花香等高山韵味，滋味甘甜回味悠久、爽口滑喉，前所未有。几人遂为其取名，那位张先生说，此为出自崇山峻岭之中的好茶，江元勋一想，在绿茶类中好茶有茶芽寿眉、珍眉等，何不将此也命名眉类呢？

此言一出,在场诸位深为赞同,即命名为"金骏眉"。爱喝岩茶的茶友都知道,智慧勤劳的武夷山人,最擅长给武夷茶取名。江元勋说,之所以取名"金骏眉",有以下几层含义。首先茶色金黑相间,宛如茶色黄而亮,就像是贵重的黄金,也寓意其得之不易,因此,取个"金"字。而"骏"字由来,则有三层意思:首先"骏"音同"峻",示其采于崇山峻岭之中;其次,干茶外形似海马状,而马有奔腾之快也,同时也说明该茶能快速试产。至于"眉"字,乃寿者长久之意,通常绿茶类中由好芽制成的茶一般称"眉",如寿眉、珍眉等。

6. 阿萨姆红茶(印度)

阿萨姆红茶产自于印度东北部喜马拉雅山南麓的阿萨姆邦,是世界四大名茶之一,在红茶市场占比超过了60%,可以说是饮品的必备原料之一。这种产在海平面附近的阿萨姆茶以浓稠、浓烈、麦芽香、清透鲜亮而出名。历史上,阿萨姆是继中国以后第二个商业茶叶生产地区。阿萨姆红茶,产于印度东北阿萨姆喜马拉雅山麓的阿萨姆溪谷一带。这是一块河流冲击的平地,土壤肥沃。阿萨姆是世界降雨量最大的地区,气候非常温暖。这样的自然环境下,茶叶生长迅速,味烈,浓且涩,茶汤浑厚(见图4.6),还略带麦芽香。因当地日照强烈,需另种树为茶树适度遮光;由于雨量丰富,促进阿萨姆大叶种茶树蓬勃发育。阿萨姆红茶以6~7月采摘的品质最优,但10~11月产的秋茶较香。

阿萨姆红茶 Assam 等级 TGFOP1,茶叶外形细扁,色呈深褐;汤色深红稍褐,带有淡淡的麦芽香、玫瑰香,滋味浓醇,属烈茶,因茶单宁含量高而涩味重,冷却后茶汤浑浊,所以是冬季加奶热饮的最佳选择。

图 4.6 阿萨姆红茶茶汤

7. 大吉岭红茶（印度孟加拉）

大吉岭红茶是世界四大红茶之一。在英国享有盛名，得奖无数，冠绝一众红茶，故有"红茶之皇者"的美誉。大吉岭红茶（见图4.7），产于印度西孟加拉省北部喜马拉雅山麓的大吉岭高原一带。当地年均气温15℃左右，白天日照充足，但昼夜温差大，谷地里常年弥漫云雾，成为孕育此茶独特芳香的一大因素。此茶以5～6月的二号茶品质最优。比起平原上的阿萨姆，大吉岭的海拔跨度超过2000米；弥漫的云雾为茶树遮挡阳光；沙质、弱酸性的土壤则是茶树最喜欢的沃土；低温让茶树生长放缓，尽可能地蓄积养分，长出的茶叶质地饱满、细腻丰富。按照采摘时节，大

图 4.7　大吉岭红茶

吉岭茶叶被严格分为春摘茶（First flush）、夏摘茶（Second flush）、雨茶（Monsoon flush）和秋茶（Autumnal）。春摘茶滋味清淡鲜甜，略带花香，产量最少，价格最高；夏摘茶味道更成熟，茶汤光泽似红宝石，有一种类似麝香葡萄（muscatel）的水果香气，价格稍便宜，深受红茶爱好者的喜爱。秋茶产量较多，价格较低；品质最差的雨茶最便宜。大吉岭红茶拥有高昂的身价。三四月的一号茶多为青绿色；二号茶为金黄，其汤色橙黄，气味芬芳高雅，上品尤其带有葡萄香，口感细致柔和。

大吉岭红茶外形条索紧细，白毫显露，香高味浓，鲜爽。发酵程度达80%左右，初摘茶叶颜色显绿色，次摘茶叶显棕褐色。香气属高香类，比较持久，被称为麝香葡萄香味茶，滋味甘甜柔和。汤色清澈明亮，橙黄红艳，口感细致柔和，上品带葡萄香，最宜清饮，令人赏心悦目，被世人誉为"茶中的香槟"。优质的大吉岭红茶在白瓷杯或玻璃杯中显露着金色的黄晕，是上等好茶的标志。大吉岭红茶最适合清饮，但因为茶叶较大，需稍久焖（约5分钟）使茶叶尽舒，才能得其味。下午茶及进食口味生的盛餐后，最宜饮此茶。茶叶包装精美，或用金色的纸，或用丝绒袋子，还有手工雕刻的木盒子，更显出其茶中珍品的尊贵出身。

大吉岭红茶前世

据说这里的第一棵茶树是由英国殖民者从中国引来的，最早的茶叶技师也来自中国。一百多年来，大吉岭红茶被称颂为世界名茶之一，是英国贵族的宠儿。这种茶的前身就是中国福建武夷山的正山小种红茶。1857年英法联军入侵中国，英国一个研究植物学的军官发现了这种茶的价值，受英国政府的指派，他在一个叫福钧的苏格兰人帮助下，收集茶树苗、茶籽，并把技术工人带到印度，在大吉岭试种，几年后中国的红茶在这里安了家，于是就以该地区的名字命名为大吉岭红茶。

8. 锡兰高地红茶

锡兰红茶出产于锡兰（今斯里兰卡），是一种统称，又被称为"西冷红茶""惜兰红茶"，该名称源于锡兰的英文 Ceylon 的发音。锡兰红茶一般只做 OP、BOP 和 FOP 的分级。

锡兰的高地茶通常制为碎形茶，呈赤褐色。其中的乌沃茶产于山岳地带的东侧，以 7 ~ 9 月所获的品质最优。汤色橙红明亮，上品的汤面环有金黄色的光圈，犹如加冕一般。其风味具刺激性，透出如薄荷、铃兰的芳香，既宜清饮，又可添加奶、柠檬、薄荷、肉桂等制成加味茶。滋味醇厚，虽较苦涩，但回味甘甜，风味独特。产于山岳地带西侧的汀布拉茶和努沃勒埃利耶茶则因为受到夏季 5 ~ 8 月西南季风送雨的影响，以 1 ~ 3 月收获的最佳。汀布拉茶的汤色鲜红，滋味爽口柔和，带花香，涩味较少。努沃勒埃利耶茶无论色、香、味都较前二者淡，汤色橙黄，香味清芬，口感稍近绿茶。

斯里兰卡前世今生

斯里兰卡在18世纪末沦为英国殖民地。当时斯里兰卡的主要作物是咖啡，没有人对茶叶感兴趣。直到1824年英国人将中国茶叶引入斯里兰卡，并在康提（Kandy）附近的佩拉德尼亚植物园播下第一批种子。19世纪70年代，枯萎病使咖啡园遭受灭顶之灾，而能够抵御病害的茶叶大难不死。于是英国种植园主们购得中部山区的大片土地开发茶叶种植园，并在80年代迅速发展壮大。如今，斯里兰卡已成为世界上最大的茶叶出口国，而锡兰红茶作为世界四大红茶之一（其他为中国安徽祁门红茶、印度阿萨姆红茶、印度大吉岭红茶），被誉为"献给世界的礼物"。

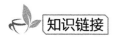

红茶与健康

红茶品性温和，味道醇厚，与普通绿茶含茶多酚、鞣质易刺激胃不同，它既不伤胃还养胃益胃，还是预防多种常见疾病的保健佳品，尤其适宜冬季寒冷天气饮用。红茶的保健功效颇多。

（1）利尿。红茶中的咖啡因和芳香物质共同作用下，可增加肾脏的血流量，提高肾小球过滤率，扩张肾微血管，并抑制肾小管对水的再吸收，于是促成尿量增加。如此有利于排除体内多余的乳酸、尿酸（与痛风有关）、盐分（与高血压有关）等，同时还可以缓和心脏病或肾炎造成的水肿。

（2）消炎杀菌。红茶中的多酚类化合物具有消炎的效果。实验发现，儿茶素类能与单细胞的细菌结合，使蛋白质凝固沉淀，借此抑制和消灭病原菌。细菌性痢疾及食物中毒患者喝红茶颇为有益，民间也常用红茶涂抹伤口等。

（3）提神消疲。医学实验发现，红茶中的咖啡因可刺激大脑皮质来兴奋神经中枢，达到提神的效果，进而使思维反应更加敏锐，记忆力增强；它对血管系统和心脏也有兴奋作用，增强心脏功能，从而加快血液循环以利新陈代谢。

（4）生津清热。夏天饮红茶能止渴消暑，这是因为茶中的多酚类、糖类、氨基酸、果胶等与口涎产生化学反应，能刺激唾液分泌，滋润口腔；而咖啡因控制下视丘的体温中枢，能够调节体温，也刺激肾脏以促进热量的排放，维持体内的生理平衡。

此外，红茶还具有防龋、健胃整肠、延缓衰老、降血糖、降血压、降血脂、抗癌、抗辐射等效用。

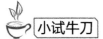 小试牛刀

请上网查找资料，编写一篇介绍金骏眉的导游词。导游词可包含金骏眉的发展历史、生长环境、品质特征、加工工艺、主要功效、品茗指南、等级标准、储存方法等内容。

身体力行

模拟导游讲解训练——介绍金骏眉。

附导游评分标准：

导游讲解综合表现评分标准表

项目	分类	评分标准及要求	分值	自评	他评	导师评
语言与仪态（40）	语音语调	语音清晰，语速适中，节奏合理	10			
	表达能力	语言准确、规范；表达流畅、有条理；具有生动性和趣味性	10			
	仪容仪表	衣着打扮端庄整齐，言行举止大方得体，符合导游人员礼仪礼貌规范	10			
	言行举止	礼貌用语恰当，态度真诚友好，表情生动丰富，手势及其他身体语言应用适当与适度	10			
茶品讲解（60）	讲解内容	茶品信息正确、准确，要点明确，无明显错误	10			
	条理结构	条理清晰，详略得当，主题突出	10			
	文化内涵	具有一定的文化内涵，能体现物境、情境和意境的统一	20			
	讲解技巧	能使用恰当的讲解技巧，讲解通俗易懂，富有感染力	10			
	导游词编写	规范且有一定特色	10			
总分			100			
收获感悟						

课外拓展

　　1.红茶的工艺包括 _____、_____、_____、_____
四个工序。

　　2. 世界四大红茶是 _____、_____、_____、_____。

　　3.红茶属 _____ 茶，最基本的品质特点是 _____、_____、
味甘，干茶色泽偏深，红中带乌黑，所以英语中称"_____"，意即"黑
色的茶"。

　　4._____ 是红茶制作的独特阶段，经过这道程序，叶色由绿变红。

　　5.红茶的保健功效有 _____、_____、_____、_____ 等。

任务二 说丽水红茶

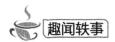 学习目标

1. 丽水红茶的茶园和品质特点。
2. 丽水红茶名品的模拟讲解。

趣闻轶事

在2016年"浙茶杯"优质红茶评比中，由景宁慧明红实业发展有限公司选送的"慧明红"牌红茶，以优良的品质在参评的众多产品中脱颖而出，喜获金奖。此次优质红茶推选活动，景宁县共组织7个红茶茶样参选，取得了"1金奖5优胜"的好成绩。除景宁慧明红实业发展有限公司的"慧明红"牌的红茶再获得金奖外，景宁六江源茶业有限公司的"六江源"、景宁畲族自治县香香茶叶专业合作社的"畲珍源"、景宁畲族自治县香雨有机茶有限公司的"雨巷"等5个红茶品牌获得优胜奖。

浙江景宁慧明红实业发展有限公司是浙商华侨麻福标回国新创办的以茶叶种植、加工、销售、科研及茶文化传播于一体的茶产业企业。公司成立于2013年7月，公司现有标准化茶叶示范基地200亩，省级茶叶标准化生产车间1800余平方米。2014年公司新引进浙江省一流的红茶生产加工流水线和绿茶、红茶制品的先进加工设备，是目前景宁县最大红茶制造商。其主要有红茶、绿茶、黄金茶、白茶和红茶茶制品工艺品等80多个系列产品。产品全部采用清洁化、自动化生产流水线，充分集约利用景宁夏秋季茶叶有效再生利用，为景宁县茶叶产品提升市场竞争力做出了示范引领作用，同

时，提升了景宁夏秋茶的利用价值和产品附加值。2015 年，该公司积极创新和不断探索产品技术研发。新开发的"慧明红"牌红茶分别荣获全省第二届"浙茶杯"金奖和 2015"中茶杯"优质红茶"特等奖"。

据景宁慧明红实业发展有限公司董事长刘园英介绍说：因夏秋茶是制作红茶的最好原料，为进一步拓宽景宁茶叶的市场化路子，拉伸惠明茶生产的产业链。公司投资了二百多万元，引进了国内先进的全自动红茶生产流水线，破解了红茶发酵难题和成品防潮技术的瓶颈，对夏秋茶进行了开发利用。红茶具有抗氧化、降血脂、健胃、防癌等作用，非常适合肠胃功能不好的中老年人饮用。如今，夏秋茶在这里被制作成红茶，茶饼被做成汽车挂件等装饰品，茶叶利用率和产品附加值得到大幅度提升，而且还增加了当地茶农收入。

 任务描述

八位云南客人在品饮了几种红茶后，对丽水红茶的生产地和名品特别感兴趣，欲买些作为礼品送给亲戚朋友。同学们快来给他们出出主意吧！

 任务知识

一、走进丽水红茶茶园

1. 庆元龙溪乡高山有机茶园

庆元龙溪乡因种植、炒制高山茶而闻名浙闽两省。代表浙江红茶最高品质的"龙溪红"（见图 4.8），融合"福建铁观音"的炒制工艺和庆元高山的纯净生态，"种"出了生态茶的最优品质。

图 4.8 龙溪红

庆元县龙溪乡平均海拔 800 米，终年云雾缭绕，现共建成高山有机茶园 2967 亩。其中，无公害认证茶叶基地 2345 亩，茶叶年产量达到 70 吨，销售额 800 余万元。茶叶已成为该乡富民增收的第一大产业。这一切始于 2002 年，当选上龙溪乡鱼川村村民委员会主任的吴远付带领村民，坚持用土杂肥和猪粪种植茶叶，并引进福建省松溪县的红茶炒制技术，借力浙江农林大学等高校的"智力援助"，最终收获了丰厚的"生态红利"——龙溪红茶。

2. 景宁慧明红原生态种植茶园

现有海拔 600～900 米标准化原生态种植茶园示范基地 2000 亩。基地土壤肥沃，空气清新，云雾缭绕，雨水充沛，环境优越，无污染，种植的茶叶富含氨基酸、维生素和矿物质等元素。

3. 庆元百山茶园

"源远流长飘茶香"。在明朝，庆元茶即被列为贡品（明代成化十八年《处州府志》记载："庆元贡赋茶芽三斤"）。茶园坐落于"生态环境第一县"——庆元县境内。这里群山竞秀，林木葱郁，境内森林覆盖率达 82.6%。茶园设在云雾缭绕的巾子峰下，面积 1635 亩；生产的产品通过中国农业科学院茶叶研究所有机茶研究与发展中心的有机认证，是农业部无公害农产品示范基地。"要喝放心茶，请到百山来"，这是"百山人"郑重的承诺。

4. 龙泉隐仙高山原生态茶园

龙泉生态全国领先，森林覆盖率高达 84.2%，是中国生态环境第一市。典型的中亚热带湿润季风气候，为茶树生长最适合的条件。这里有高标准茶园 800 多亩，坡度 25 度以下的低丘缓坡约 120 万亩，土层深厚、土质肥沃，土壤 pH 值在 5～5.5 之间，非常适宜栽植茶叶。龙泉茶叶依托于这种优越的自然生态环境生长，形成了其独特的高海拔山地生态茶的优异品质，香高、味醇，色味双绝。高山茶树有喜温、喜湿、耐阴的习性，因此有高山出好茶的说法。海拔高度造就了高山茶环境的独特，气温、降雨量、湿度、土壤对茶树以及茶芽的生长都提供了得天独厚的条件。

5. 梅峰大姆山茶场

位于国家生态示范区海拔 600～900 米的大姆山，云雾缭绕，生态环境优异。茶场自 1992 年成立以来，停止使用农药、化肥、除草剂等充分利用生态平衡优势，走回归自然之路，遵循万物相克相生规律，采取"以虫吃虫、以菌灭菌、以园养茶、以茶养园"的有机仿生科学原理进行茶园的日常管理，有效地避免了化肥、农药等对茶园及环境的污染，使茶园回归原生态。大姆山茶场能够做到坚持不使用农药等违禁物质，在全世界的有机茶基地中实属罕见，堪称世界典范。被评为联合国粮农组织有机茶示范基地、国家有机食品生产基地、国家茶叶种植标准化示范区。

二、丽水红茶的品质特点

红茶经过萎凋、揉捻、发酵等工艺后，茶多酚、氨基酸含量增加。外形细小紧密，伴有金黄色的茶绒茶毫。干茶色泽独特均匀，金黄黑相间，乌中透黄，油润鲜活，有光泽，白毫显露，条索壮实紧结，秀挺略弯曲，似海马型，匀整没有茶末和杂物。冲泡后其汤色红亮金圈，具淡而甜的花香、蜜香、果香，品之甘甜润滑，叶底外形细小而金秀。香气馥郁，滋味醇厚，回味隽永。

三、丽水红茶的名品

1. 仙都黄贡红茶

黄贡曲眉红茶产于海拔 500 ~ 800 米间的生态茶园，周边 50 千米无工业区，生长环境洁净。曾荣获"中茶杯"一等奖、"浙茶杯"金奖。茶树多为 50 年以上的老土种，当地称"高山土茶"。外形细润显毫，条索紧实，乌润发亮，色泽光滑，香气甜果香馥郁持久，汤色橙红明亮，滋味醇厚甘甜，晶莹剔透，茶杯边缘有金边，叶底完整鲜亮，油润细腻。

2. 百山红茶

产于"中国生态环境第一县"——庆元县境内。庆元青山绿水，独特的气候条件、土壤中丰富的有机质以及高山云雾的环境优势赋予了百山牌系列有机红茶更高的品质。产品除扬名中华大地外，还出口并畅销欧盟、日本等。

《财富中国》是国际型刊物，每年都会对中国有机食品进行跟踪报道。近年来是红茶发展时代，《财富中国》杂志的专家评审团在百余种样品中，挑选出百山红茶。百山红茶因其外形：细秀显芽，乌润匀整；汤色：红亮清澈；香气：甜香细腻；滋味：鲜醇甜润等特点，被授予"财富中国第一红茶"。百山牌系列有机茶，参加 2010 年上海世博会名茶评优活动，获得两金两银。

3. 龙泉红

龙泉红特级红茶，采摘于浙江省西南部浙闽赣边境的龙泉市境内凤阳山、天堂山山麓。这里峰峦叠翠，谷幽泉清，林茂葱郁，重云聚雾，是天然的茶树种植基地。

龙泉是全国十大生态产茶县，在越来越追求绿色和质量安全的今天，原生态是一种宝贵的稀缺资源。龙泉山是长三角之巅，境内主峰黄茅尖海拔 1929 米，为长三角第一高峰；水为三江之源，是瓯江、闽江、钱塘江三江源头；生态环境在全国领先，森林覆盖率高达 84.2%，是中国生态环境第一市。"龙泉红"系列茶在这种优越的生态环境中生长，形成了其独特的高海拔山地生态茶优异品质——香高、味醇。

除了好生态之外，"龙泉红"茶叶的竞争优势还体现在好环境、好空间、好文化、好科技等方面。龙泉地处浙西南，境内洞宫山脉和仙霞岭山脉同属武夷山系，气候、土质、生态等方面都与福建颇为相似，是典型中亚热带湿润季风气候，为茶树的最适生区。全市坡度 25 度以下的低丘缓坡约 120 万亩，土层深厚、土质肥沃，土壤 pH 值在 5 ~ 5.5 之间，非常适宜栽植茶树，茶产业发展空间巨大。

龙泉红工夫红茶属于全发酵型，在结合市场需求的同时进行了创新，在"2013 中国茶叶博览会"上获得金奖。经过萎凋、揉捻、过红锅、复揉、烘焙、复火等独特工艺，从外形看，茶叶条索紧秀，色泽金、黄、黑相间（见图4.9）；从内质看，具有特殊的高山韵。冲泡后汤色金黄，浓郁，有金圈，几次泡后各种特征仍然明显，喝起来滋味醇厚，入口有蜜香，属复合型花果香，给人的感觉甜而浓重，滋味醇爽。仔细品味，回甘快而爽，水中香显，杯底留香，高山韵香持久。

图 4.9　龙泉红工夫红茶

龙泉红茶前世

　　龙泉红茶，历史悠久。当年明太祖带兵攻到龙泉山麓"蜜蜂寨"处，在山上望龙寺歇息。此处森林山态优美，空气清新宜人，给人一种胜似天堂的感觉，众将你一言我一语，在赞美声中，明成祖就将此山赐名天堂山。因为天堂山的茶树是唐代季大蕴从福建引进种植的，到明代已有五百年的历史，茶树已有几十厘米粗，有数人高。它们吸收天地宇宙日月之精华，并经过风霜、雨雪、雷电，茶叶营养丰富，味道同一般的茶叶比自是天差地别。故全体将校喝过后，都感觉精神振奋，食欲增强，头脑清醒了，眼睛明亮了，有一种说不出的生津解渴、味醇厚香的滋味，都说有天茶回力之象。明太祖根据大家的意见，将此处茶树赐称天茶。明成化年间起，定下每年贡茶四斤。

　　时至今日，龙泉红继承了历史名茶的传统工艺，又结合了现代工艺，创新出了新一代龙泉红茶，让大家体验贡茶的品质。

4. 龙谷红茶

龙谷红茶产于遂昌县境内高山原生态基地。这里海拔 800 米以上，砂质黄壤，云雾缭绕，昼夜温差大，周边无污染。龙谷红茶外形细嫩多锋苗、乌黑油润、匀齐；口感鲜嫩、醇厚甘爽；汤色橙红明亮。龙谷红茶以鸠坑群体种、龙井 43、金观音等茶树品种的鲜叶为原料，用手工采摘的单芽、一芽一叶或一芽二叶初展鲜叶为好。

5. 莲都红

该有机茶品质回归纯净自然，具有口味纯正、清香，醇厚、回味甘甜等优良品质，是健康、放心的原生态茶。茶叶外形紧结卷曲、多毫红褐色；汤色红亮透明；香气高锐，浓烈持久；滋味甜爽、纯正、甘醇；叶底色泽新鲜明亮。

6. 景宁慧明红

景宁慧明红产于景宁畲族自治县红垦区赤木山的惠明村。茶园多在海拔600米左右的山坡上。干茶紧结纤细，条索秀美，色泽乌润。汤色亮红通透、滋味鲜活，香气馥郁。叶底色泽明亮，饱满匀整，品质上乘。具有回味甘醇，浓而不苦，滋味鲜爽，耐于冲泡，香气持久等特点，是名茶中的珍品。

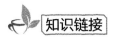 知识链接

茶人美服

泡好一壶茶，茶、器、水三者缺一不可，然而，更重要的还是泡茶之人。茶人服（茶服），可以说是茶艺审美的前奏曲。

茶人服，即茶服，始于汉，是一种有着千年历史，专适于茶事活动的职业服装，一般以苎麻、粗布制作，具有宽简、质朴、舒适、大方的特点。茶人服取茶文化之"静、清、柔、和"的特点，吸收汉服的宽缓、庄静之美与唐装流畅、舒适的特点，并融合现代服饰的简约设计理念，裁体舒简、色系清素、式样典雅，既适于茶人们悠游自在的茶事着装风格，也适于现代人自然、素朴而个性的日常着装需求，充分体现出中国人文精神中独有的中和之美。

男式茶人服，通常样式相对简单朴素，此时，材质便是体现茶人服气韵的重要载体。女式茶人服，同样遵循素雅风，宽简、质朴、舒适、大方，但在裁剪形式、颜色上都更为丰富。

茶服，历经千年，各种衣料在一次次翻新中并没改变内涵，只是承合了时代的需求，反映了当代茶人的心境：永葆那颗对茶文化的本真之心。

小试牛刀

请结合丽水红茶特点，选一款丽水红茶名品编写导游词。导游词可包含名品的发展历史、生长环境、品质特征、加工工艺、主要功效、品茗指南、等级标准、储存方法等内容。

🍃 身体力行

模拟导游讲解训练——介绍丽水红茶。

附评分标准：

导游讲解综合表现评分标准表

项目	分类	评分标准及要求	分值	自评	他评	导师评
语言与仪态（40）	1.语音语调	语音清晰，语速适中，节奏合理	10分			
	2.表达能力	语言准确、规范；表达流畅、有条理；具有生动性和趣味性	10分			
	3.仪容仪表	衣着打扮端庄整齐，言行举止大方得体，符合导游人员礼仪礼貌规范	10分			
	4.言行举止	礼貌用语恰当，态度真诚友好，表情生动丰富，手势及其他身体语言应用适当与适度	10分			
茶品讲解（60）	讲解内容	茶品信息正确、准确，要点明确，无明显错误	10分			
	条理结构	条理清晰，详略得当，主题突出	10分			
	文化内涵	具有一定的文化内涵，能体现物境、情境和意境的统一	20分			
	讲解技巧	能使用恰当的讲解技巧，讲解通俗易懂，富有感染力	10分			
	导游词编写	规范且一定特色	10分			
总分			100分			
收获感悟						

🍵 课外拓展

1.丽水红茶名品有 _____、_____、_____、_____、_____。

2.茶人服，即茶服，始于 _____，是一种有着千年历史，专适于 _____ 的职业服装。

3.茶服一般以 _____、_____ 制作，具有宽简、质朴、舒适、大方的特点。

4._____ 茶场能够做到坚持不使用农药等违禁物质，在全世界的有机茶基地中实属罕见，堪称世界典范。

5._____ 红茶香气馥郁持久，滋味浓醇、甘爽，汤色橙黄明亮，曾荣获"中茶杯"一等奖、"浙茶杯"金奖。

任务三　识红茶之器

学习目标

1. 了解泡红茶的茶器。

2. 练习茶礼——鞠躬礼、伸手礼。

趣闻轶事

　　从二分钱一碗的大碗茶，到今天驰名海内外的老舍茶馆，背后镌刻着一个平凡的名字——尹盛喜。2013年7月1日，正值这位老舍茶馆创始人逝世十周年的日子，一场温馨的纪念茶会传递出大碗茶后人浓浓的缅怀之情。

　　当天在老舍茶馆二楼，楼梯处摆放着刚刚揭幕的巨型盖碗——重400斤、高75厘米、直径88厘米。这个创造了吉尼斯世界纪录的盖碗，成为北京大碗茶30载风雨历程的一个见证符号，与墙壁上镌刻的"大碗茶广交九州宾客，老二分奉献一片丹心"对联相映生辉。

　　当天活动现场，老舍茶馆的25年老员工，为嘉宾们冲泡上与老舍茶馆同龄的25年"老尹"老茶。伴着清朗的乐声，端杯品饮，温暖在心。现场播放的纪念短片中，一个个关于大碗茶的故事，让今人看到了一个京味文化企业的成长与壮大。就连现场的几位外国留学生都被触动了，津津有味地品着中国茶，品着中国文化的独有韵味。他们还向茶馆工作人员学习冲泡普洱茶。

任务描述

八位云南客人茶馆喝茶时，对红茶的茶器特别喜欢，爱不释手。请你为他们好好介绍一下吧!

任务知识

红茶的茶器有盖碗、随手泡、茶道组等（见表 4.1 所示）。

表 4.1 红茶的茶器

茶具名称	图片
盖碗	
随手泡	
茶道组	
茶荷	
茶船	

续表

茶具名称	图片
茶罐	
茶巾	
公道杯	
茶滤	
奉茶盘	

1. 盖碗

相传，盖碗是唐代德宗建中年间，由西川节度使崔宁之女在成都发明的。

崔宁与其女儿都特别喜爱喝茶，那时的茶杯没有衬底非常烫手，于是崔宁的女儿就奇思妙想发明了木盘子来托茶杯，但茶杯容易滑倒，她又设法用蜡将木盘中央环上一圈，使杯子固定，这便是最早的茶船。唐代由于逐渐普及了饮茶的专用盏，随之又发明了盏托，宋元沿袭，明清以来配以盏盖，始形成了一盏、一盖、一碟式的三合一茶具。宋代盏托的使用已相当普及，多为漆制品。明代后又在盏上加盖，既增加了茶盏的保温性，使之更好地浸泡出茶叶中的茶汁，又保持了茶盏的干净，防止尘埃的侵入。品饮时，一手托盏，一手持盖，并可用茶盖来拂动漂在茶汤面上的茶叶，更增添一份喝茶的情趣。

盖碗是陶瓷烧制的，由茶碗、茶盖、茶船三件套组成，堪与紫砂壶媲美。盖碗又称"三才碗"。所谓三才即天、地、人。茶盖在上谓之天，茶托在下谓之地，茶碗居中是为人。这么一副小小的茶具便寄寓了一个小天地，一个小宇宙，也包含了古代哲人讲的"天盖之，地载之，人育之"的道理。三件头"盖碗"中的茶船作用尤妙。茶碗上大下小，承以茶船增强了稳定感，也不易倾覆。根据制作的原料不同，大致可分为三类：白瓷盖碗和青花瓷盖碗，汝瓷盖碗，钧瓷盖碗。

盖碗茶具常有名人绘的山水花鸟，碗内绘避火图。有连同茶托为十二式者；十二碗加十二托，为二十四式，备茶会之用。清代茶托花样繁多，有圆形、荷叶形、元宝形等。如今，在很多电视剧中，在清代的大家贵族、宫廷皇室以及高雅之茶馆，都重视喝盖碗茶。这也是茶在中国文化中的一种体现。用盖碗冲泡细嫩的红茶，能很好地激发红茶的品质。如果是白底釉面的陶瓷盖碗，更能映衬出红茶的汤色，增加整个饮茶过程的美感，给人带来更好的饮茶享受。

盖碗为单次、短时间使用的个人用简便品茗茶具。它区别于紫砂壶的一大好处就是：盖碗泡茶泡得多，时间短。另外，盖碗宜于保温。我们在日常生活中用盖碗泡茶需要注意的是，一般盖碗只泡一两次，茶叶就老了。有条件的茶友最好还是配公道杯来泡，这样虽然麻烦一点，但不会浪费好茶。盖碗作为最常见的一种泡茶的茶具，与茶艺结合，可演化出丰富的泡茶技艺。用盖碗泡红茶，能较真实地还原茶叶原本的味道，并且茶水分离得干净，水温比较好控制，同时也便于观察叶底，但因为盖碗大多胎质较薄，茶水分离的时候，控制不好极容易烫手。

记得鲁迅先生在《喝茶》一文中曾这样写道："喝好茶，是要用盖碗的。于是用盖碗。果然，泡了之后，色清而味甘，微香而小苦，确是好茶叶。"可见，连鲁迅先生也爱用盖碗泡茶。

2.哥窑

中国宋代陶瓷生产中，以汝窑、官窑、哥窑、钧窑、定窑五个窑口最为有名，后人统称其为"宋代五大名窑"。在这五大名窑中，以哥窑的陶瓷最有特色。

相传，宋代龙泉县，有一位很出名的制瓷艺人，姓章，名村根，是传说中的章生一、章生二的父亲。章村根以擅长制青瓷而闻名遐迩，生一、生二兄弟俩自小随父学艺，老大章生一厚道、肯学、吃苦，深得其父真传，章生二亦有绝技在身。章村根去世后，兄弟分家，各开窑厂。老大章生一所开的窑厂即为哥窑，老二章生二所开的窑厂即为弟窑。兄弟俩烧造青瓷，都各有成就。但老大技高一筹，烧出"紫口铁足"的青瓷，一时名满天下，皇帝得知，龙颜大悦，指名要章生一为其烧造青瓷。老二心眼小，心生妒意，趁其兄不注意，把黏土扔进了章生一的釉缸中，老大用掺了黏土的釉施在坯上，烧成后一开窑，他惊呆了，满窑瓷器的釉面全都开裂了，裂纹有大有小，有长有短，有粗有细，有曲有直，且形状各异，有的像鱼子，有的像柳叶，有的像蟹爪。他欲哭无泪，痛定思痛之后，重新振作精神。他泡了一杯茶，把浓浓的茶水涂在瓷器上，裂纹马上变成茶色线条，又把墨汁涂上去，裂纹立即变成黑色线条，这样，不经意中形成"金丝铁线"。

哥窑有哪些特点呢？其一，哥窑釉属无光釉，犹如"酥油"般，色彩丰富多彩，有米黄、粉青、奶白诸色。特别是用奶白色或纯白的茶具来冲泡红茶能够看到红茶的红晕，绝对是一种美的享受。其二，"金丝铁线"的纹样。哥窑釉面有网状开片，或重叠犹如冰裂纹，或成细密小开片（俗称"百圾碎"或"龟子纹"），以"金丝铁线"为典型，较粗疏的黑色裂纹交织着细密的红黄色裂纹。其三，"聚沫攒珠"般的釉中气泡。哥窑器通常釉层很厚，最厚处甚至与胎的厚度相等，釉内含有气泡，如珠隐现，犹如"聚沫攒珠"般的美，这是辨别真假哥窑器的一个传统的方法。其四，哥窑器大都是紫黑色或棕黄色，器皿上部口边缘釉薄处由于隐纹露出胎色而呈黄褐色，同时在底足未挂釉处呈现铁黑色，由此，可以概括出故有"紫口铁足"之说，这也是区别真假哥窑器的传统方法之一。

3. 景德镇红釉

浑然一色的铜红釉瓷器，是元代在景德镇烧制成功的。此时在红釉瓷器上已经不再是钧窑器物上那种红蓝相间或红中闪紫的色彩，取而代之的是一种纯净的朱红色。红釉瓷器以颜色鲜红为上品，然而这对烧制温度要求非常严格。当时没有温度计，窑工只能凭眼睛来判断窑火的温度，所以元代烧制成功的红釉瓷器数量十分稀少。1974 年江西景德镇市郊凌氏墓出土了两件红釉瓷俑。两俑身着宽袖袍服，头戴官帽，双手执笏拱立，除脸部、手和笏板饰青白釉外，衣履均为红色。虽然瓷俑身上的红色有些不匀，红色也不够鲜艳美丽，但毕竟是我国制瓷史上首先出现的纯正红釉。从墓志铭上可知，瓷俑的烧造年代至迟应在元代至元四年（1338）以前，它标志着元代景德镇制瓷艺的进一步成熟。

如果说元代的纯红釉还处在创烧阶段，那么明代的红釉器就已完全成熟了。特别是永乐年间景德镇御窑厂烧造成功的鲜红釉，色调纯正，釉厚如脂。《景德镇陶录》称"永乐鲜红最贵"，绝非过誉之词。宣德红釉比永乐鲜红更胜一筹，它虽没有永乐红釉鲜明温润，但红中稍带黯黑，红而不鲜，更显得静穆和凝重。又由于釉中透出如红宝石一样的光泽，耀眼夺目，所以又称为"宝石红"，《景德镇陶录》因此有"宣窑"以"鲜红为宝"之说。

红釉瓷器之所以发展迅速，主要与明太祖朱元璋有关。首先，红色在五行学说中指南方，朱元璋是在南方发迹的；其次，朱元璋姓朱，而朱就是红色，洪武的年号又跟红谐音；最后，朱元璋曾经参加反元的红巾军，所以他对红色乃至红色瓷器都非常喜爱，而他的这种喜好也一直延续到了明朝后来的几位皇帝身上。

在景德镇流传着这样一个故事。明宣德年间，有一天皇帝穿着一身红袍，偶然从一件白瓷旁边走过，突然发现白瓷被染成红色，格外鲜艳夺目，于是皇帝传下圣旨，命令御窑厂马上烧出这种红色瓷器。然而由于铜红的呈色极不稳定，在烧制中对窑室的环境又十分敏感，稍有变异便不能达到预期的效果，有时一窑甚至几窑才能烧出一件通体鲜红的产品，所以要得到比较纯正的红釉十分不易。眼看限期要到，窑工们屡烧不成就要大祸临头时，其中一位窑工的女儿得到神仙托梦，要她投身熊熊燃烧的窑炉之中，以血染瓷便可成功。于是她投身于窑，只见一团炽烈的白烟腾空而起，满窑瓷器皆成红色。这个传说虽极富传奇色彩，但如此悲壮的故事，充分说明红釉烧之不易。后人遂以"祭红"命名宣德时期的一种特殊红釉器，以此纪念这位传说中的烈女。

明宣德皇帝去世后，祭红瓷器就停止生产了。由于这种瓷器烧制成本高，又不容易控制，一旦技术失传就很难复烧，直到200多年后的清康熙年间，景德镇御窑场才开始大规模仿制宣德祭红釉瓷器。而就在仿制的过程中，意外地诞生出了另一种红釉瓷器。

1705年，十分喜欢精美瓷器的康熙皇帝，对宫廷收藏缺少祭红很不满意，下令御窑仿制宣德祭红。这个任务落到了江西巡抚郎廷极头上，他亲自到景德镇督窑，每天看着窑工配制釉料，点火烧窑。在郎廷极主持下，釉料进行了无数次调配实验，加进各种金属元素，甚至加入了黄金、宝石，虽然试验了上百窑，仍没有得到祭红，但是却意外地得到了另一种红色釉瓷器。由于当时郎廷极监管整个景德镇瓷器业，所以烧制出的新的红色釉瓷器，就被称为郎窑红。这种郎窑红釉是仿制宣德祭红烧制的成功品种。它比祭红更加鲜丽，光泽强烈。由于这种红釉的烧制难度很大，需要严格的工艺技术，成本十分巨大，所以景德镇流传着"若要穷，烧郎红"的谚语。

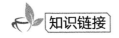 知识链接

茶与茶礼

客来宾至，清茶一杯，可以表敬意、洗风尘、叙友情、示情爱、重俭朴、弃虚华，已成为人们日常生活中的一种高尚礼节和纯洁美德。茶与礼仪已紧紧相连，密不可分。

1. 奉茶礼仪

俗话说：酒满茶半。茶不要太满，以八分满为宜。上茶时应以右手端茶，从客人的右方奉上，并面带微笑，眼睛注视对方。以咖啡或

红茶待客时，杯耳和茶匙的握柄要朝着客人的右边。此外要替每位客人准备一包砂糖和奶精，放在杯子旁或小碟上，方便客人自行取用。另外，选茶也要因人而异，如北方人喜欢饮香味茶，江浙人喜欢饮清芬的绿茶，闽粤人则喜欢饮酽郁的乌龙茶、普洱茶等。

2. 请茶礼仪

茶杯应放在客人右手的前方。请客人喝茶，要将茶杯放在托盘上端出，并用双手奉上。当宾主边谈边饮时，要及时添加，体现对宾客的敬重。客人则需善"品"，小口啜饮，满口生香，而不能作"牛饮"态。

 小试牛刀

请练习茶礼中的鞠躬礼、伸手礼。

要点：

（1）鞠躬礼。鞠躬是中国的传统礼仪，即弯腰行礼。一般用在茶艺表演者迎宾、送客或开始表演时。鞠躬礼有全礼与半礼之分。行全礼应两手在身体两侧自然下垂，立正后弯腰90度鞠躬；行半礼弯腰45度即可。

（2）伸手礼。伸手礼是在茶事活动中常用的特殊礼节。行伸手礼时五指自然并拢，手心向上，左手或右手从胸前自然向左或向右前伸。伸手礼主要在向客人敬茶时所用，送上茶之后，同时说"请您品茶"。

身体力行

请以导游身份向周围朋友介绍红茶的茶器，包括茶器的历史背景、外观特征、种类、瓷器鉴定等。

课外拓展

1. 盖碗区别于紫砂壶的第一大好处就是：盖碗 _____。

2. 盖碗是 _____ 烧制的，由 _____、_____、_____

三件套组成，此盖碗又称"＿＿＿＿＿＿＿＿"。

3.哥窑釉面有网状开片，或重叠犹如冰裂纹，或成细密小开片（俗称"百圾碎"或"龟子纹"），以"＿＿＿＿＿＿＿＿"为典型，即较粗琉的黑色裂纹交织着细密的 ＿＿＿＿＿＿＿＿、＿＿＿＿＿＿＿＿色裂纹。

4.红釉瓷器之所以发展迅速，主要与明太祖 ＿＿＿＿＿＿＿＿ 有关。

5.上茶时应以 ＿＿＿＿ 手端茶，从客人的 ＿＿＿＿ 方奉上，并面带微笑，眼睛注视对方。

任务四　习红茶之艺

学习目标

1.红茶的冲泡流程和主要手法。

2.红茶品饮茶艺解说词。

趣闻轶事

　　古人说："有朋自远方来，不亦乐乎?"若是贵客来访，用盖碗泡茶来招待是古人真情最淳朴的流露。现在用盖碗饮茶大多出现在茶馆，一盏茶一把椅，优哉游哉喝它一个半天儿。可不要小瞧用盖碗喝茶的讲究，那细微的茶具摆放和每一种茶阵之间实则蕴含着各自的暗语。看似普通的盖碗茶，门道其实还不少。下面就来说说那些暗语。

　　1."茶盖朝下靠茶船"，实则是表达喝茶人想让添水。

　　在茶馆里面，为茶客服务的人统称堂倌。这种方式是想让堂倌单独为客人添水。当然这样的方式一般不超过两次，第三次就得等到给所有茶客统一添水才行。

　　2."茶盖上放片树叶"，表示茶客有事暂时离开，不要收走了盖碗。

　　在一些老茶馆里，一般都是先付完钱然后喝茶，所以客人离席很容易让堂倌误以为是喝好了离开。如果是因为某些原因暂时离开，可以在盖碗的茶盖上放个小东西，比如火柴、小石子甚至茶的叶底。

　　3."茶盖朝外斜靠茶船"，含义是茶客是外地人，遇到了困难。

　　如果茶客是外地人遇到了困难需要寻求本地人的帮助，这样摆放

自己的茶具，眼力好的堂倌们看到后就会在茶馆里帮忙寻找合适的对象，然后介绍他们相互认识了。

4."茶盖立起放茶碗旁"，表示没有带够喝茶的钱，要赊账。

喝茶时忘带茶钱是很常见的事，但如果是和朋友一起场面就显得有些尴尬。于是可以以此示意给茶馆老板，都是常客，这点儿信任还是有的。茶馆老板也是聪明人，自然不会戳破。

5."茶盖朝上放进茶碗"，表示喝完茶准备离开，可以收拾桌子了。

在茶馆度过一段惬意的时光后，要离开就以此暗示茶馆老板，喝好了茶走人了。

用盖碗喝茶讲究的暗语，里面小小的门道你看明白了吗？

任务描述

八位云南客人在欣赏了茶艺师的表演后，迫不及待地想要学习红茶的冲泡手法，请你帮一帮他们吧。

任务知识

一、红茶冲泡的三要素

在红茶的冲泡程序中，茶叶的用量、水温和茶叶浸泡的时间是冲泡技巧中的三个基本要素。

1. 茶叶用量

红茶品饮，主要有清饮和调饮两种。清饮泡法，每克茶用水量以50～60ml为宜，如选用红碎茶则每克茶叶用水量70～80ml。调饮泡法，是在茶汤中加入调料，如加入糖、牛奶、柠檬、咖啡、蜂蜜等，茶叶的投放量，则可随品饮者的口味而定。

2. 冲泡水温

泡茶水温的高低，与茶的老嫩、条形松紧有关。大致说来，茶叶原料粗老、紧实、整叶的，要比细嫩、松散、碎叶的茶汁浸出要慢得多，所以冲泡水温要高。

对于大宗的红茶而言，由于茶芽加工原料适中，可用90℃左右的开水冲泡。

注意，泡茶的水温，通常是指将泡茶用水烧沸后，再让其自然冷却至所需的温度而言，置于已经过人工处理的矿泉水或纯净水，只要烧到泡茶所需的水温即可。

3. 冲泡时间

泡茶时间必须适中，时间短了，茶汤会淡而无味，香气不足；时间长了，茶汤太浓，茶色过深，茶香也会因而变得淡薄。这是因为茶叶一经冲泡，茶中可溶解于水的浸出物，会随着时间的延续，不断浸出和溶解于水中。所以，茶汤的滋味是随着冲泡时间而逐渐增浓的；沸水冲泡茶汤后，在不同时间段，茶汤的滋味、香气也是不一样的。

一般普通红茶，头泡茶以冲泡20～30秒左右饮用为好，如想再饮，到杯中剩有1/3茶汤时，再续开水。

二、红茶的冲泡流程

与其他茶叶相比，红茶在冲饮方法上相对较多较广泛。根据红茶本身的特性不同可以按照花色品种、调味方式、茶汤浸出方式这三种来划分。在大多数情况下，红茶的冲泡都是用茶杯来冲泡和饮用的，不过像红碎茶或者茶末这样的用壶来冲泡会更好些。下面我们就来看看红茶的冲泡。

（1）备具。将要冲泡红茶的茶具准备好：白瓷盖碗、公道杯、品茗杯、茶荷、茶叶罐、茶道组、茶盘、随手泡、水盂（见图4.10）。

（2）备水。用茶壶将水烧好。

（3）布具。白瓷盖碗、公道杯、品茗杯放在茶盘上，茶道、茶

图4.10　茶具

图 4.11　赏茶

样罐放在茶盘左侧，烧水壶放在茶盘右侧。

（4）翻杯。将品茗杯翻至正面朝上。

（5）赏茶。茶叶沏泡之前，先请客人欣赏待泡茶叶的形状、颜色（见图4.11），嗅闻香气等。主客边看边交谈赏茶印象。

（6）温具。用开水洗涤茶具，以提高茶具的温度，使茶的内含物易于泡出，并利于保温（见图4.12）。

（7）置茶。用茶匙从容器中取出适量的茶叶倒入茶杯中，一般在 3 ~ 5 克的投茶量。

（8）浸润泡。以回转手法向玻璃杯内注入少量开水，目的是使茶叶充分浸润，促使可溶物质析出。

（9）摇香。左手托住茶杯杯底，右手轻握杯身基部，运用右手手腕逆时针转动茶杯，左手轻搭杯底做相应运动。此时杯中茶叶吸水，开始散发出香气。摇毕可将茶杯奉给来宾，敬请品评茶之初香。随后收回茶杯。

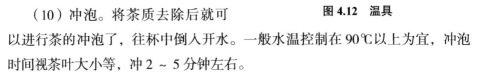

图 4.12　温具

（10）冲泡。将茶质去除后就可以进行茶的冲泡了，往杯中倒入开水。一般水温控制在 90℃ 以上为宜，冲泡时间视茶叶大小等，冲 2 ~ 5 分钟左右。

（11）倒茶分茶。将茶水分入各个品茗杯中。

（12）奉茶。双手将泡好的茶依次敬给来宾。这是一个宾主融洽交流的过程，奉茶者行伸掌礼示意"请用茶"，接茶者点头微笑表示谢意。

（13）收具。将所用茶器具收放原位。

一杯香醇的红茶泡好后，待茶汤凉下来，就可以拿起茶汤慢慢品茗，闻茶香，让人感觉身心舒畅，怡然自得。一般红茶可以冲泡 2 ~ 3 次，像红碎茶冲泡一次就可以了。

三、红茶冲泡的主要手法

茶品以正山小种为例。

第一道，初展仙姿（赏茶）。

正山小种产于福建武夷山桐木关，是红茶的鼻祖。成品茶条索肥壮、紧结圆直、色泽乌润。

第二道，冰清玉洁（洁具）。

茶是圣洁之物，冲泡之前，静心洁具，用这清清泉水，洗净世俗和心中的烦恼，让躁动的心变得祥和而宁静。为了让正山小种的茶性发挥得淋漓尽致，选用瓷杯来冲泡。

第三道，佳人入宫（投茶）。

"戏作小诗君一笑，从来佳茗似佳人"，宋代著名诗人苏东坡将茶比喻成让人一见倾心的绝代佳人。"佳人入宫"即是将红碎茶投入三才杯中。

第四道，润泽香茗（洗茶）。

正山小种第一泡茶汤一般不喝，直接注入茶海，其目的一是润茶，二是洗茶。

第五道，再注清泉（泡茶）。

正山小种经过第一泡的润泽后，茶汁已充分浸出，所以出汤的时间应控制在10秒左右。

第六道，点水留香（分茶）。

将公道杯中的茶汤均匀分入品茗杯中，使杯中之茶的色、香、味一致。斟茶斟到七分满，留下三分是情意。

第七道，香茗酬宾（奉茶）。

"坐酌泠泠水，看煎瑟瑟尘。吾由持一碗，寄于爱茶人。"茶香悠然催人醉，敬奉香茗请君评。

第八道，细啜慢品（品茶）。

香茗至手，先闻其香。正山小种香气高长，带松烟香，汤色纯红明亮，滋味醇厚带桂圆味。

第九道，收杯谢客（收具）。

接下来请大家细细品茶，尽情享受茶的宁静与温馨。

四、红茶品饮茶艺解说词

水有源，源在博大、源在精深，源在厚德、源在无私；茶有道，道在精细，道在用心，道在自然；只有人水和谐、水茶相依、人茶相合，才能享受这大自然的无私馈赠。

图4.13　龙泉红

绿水青山孕育丽水好茶。龙泉位于浙江省西南部，被誉为"中国茶文明之乡"。龙泉茶源源不绝，史载在三国时即已产茶。正所谓高山云雾出好茶，这儿的茶叶依托于优越的天然生态环境，以香高味醇、色味双绝著称。今天我们将以工夫清饮的方式冲泡龙泉红。龙泉红条形乌润紧结（见图4.13），香高持久，滋味醇厚，茶不醉人人自醉。

龙泉是世界的青瓷之都，为国内五大名窑之一青瓷，极具高雅、正经、古拙、青淳之特征。茶圣陆羽就尤为推重青瓷器具。皮日休《茶中杂咏·茶瓯》诗有"邢客与越人，皆能造瓷器，圆似月魂堕，轻如云魄起"之说。而龙泉红，香浓色艳，配上龙泉青瓷茶具，以披云山水冲泡，茶、瓷、水相辅相成。

（1）温杯烫盏。在冲泡之前涤净杯具，提高杯温。龙泉青瓷釉色古雅、沉稳，釉面均匀、滋润，釉质坚致、细腻，精工细作，造就了这釉色幽淡隽永的精美品杯。

（2）执权投茶（见图4.14）。龙泉红属条形茶，乔木种，峰苗秀丽，色泽油润，金毫显露，耐泡度高，为茶中精品。

（3）祥龙行雨。泡茶用水取自披云山水，清澈如镜，味道甘甜。高冲茶，撇去浮沫，龙泉红为条索状，易出汤，一泡时间较短，30 ~ 60秒即

图4.14　投茶

可。茶为灵物，天涵之，地载之，人育之，入此三才杯中，方出好茶。

（4）甘霖普降。低斟汤，以敬来宾，茶倒七分满，留下三分情谊绵长。

（5）敬奉佳茗。各位贵宾得到茶杯后切莫急于品尝，品饮观赏龙泉红，恰似一次灵魂洗礼。首先，静观杯中茶汤，红浓透亮，外圈金光显现，乃此茶内含物质丰富所致。接下来用您的食指拇指轻握杯沿，中指轻托杯底，这个动作雅称"三龙护鼎"，女士可微微翘起兰花指，以示温柔端庄，男士则收回兰花指，以示稳重大方。品茗之前，请您细闻龙泉红汤香，果味浓重，却是茶之本香，"舌根未得天真味，鼻官先闻圣妙香"。

（6）品啜琼浆。将茶汤停留口中数秒，震动舌面，让茶汤接触到口腔中所有味蕾，稍等片刻，慢慢感受茶汤的苦、甘、醇、厚。第一口有点苦，接着便会泛起丝丝回甘，这正是人生最深刻的寓意。

古人云，品茶品人生，先苦后甜；我要说，品茶品健康，健康是福。希望各位贵宾，来到龙泉，品饮了这杯茶，都能够得到这种福气。"只缘清香成清趣，全因浓酽有浓情"，希望今后茶能带给您健康，茶能带给您快乐，茶能带给您情思，茶能带给您回忆。愿这小小一杯清茶融进了我们浓浓的情谊。谢谢大家！

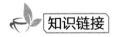 知识链接

茶道与香道

焚香、品茗、挂画、插花，是中国古时文人的"四般闲事"，以闲养心，通过雅致之趣颐养情志、修身养性。其中的"香"与"茶"均作为自然界的产物，吸收了日月精华，深得自然的秉性。这恰恰与古人追求清净淡泊的心性相吻合，尤其在焚香啜茗的过程中更能体会这一韵味。因此香与茶的结合备受古人的推崇，无论在一丝不苟的茶道仪式中，或者在随心所欲地品茶时，都能见到"名香与香茗"相伴的身影。

无论禅茶十二道，或是平日的茶道仪式演示中，焚香都是第一

道程序。从禅茶的角度看，焚香是表达茶人对茶的尊重、对茶圣的恭敬与感念、对茶器茶席的尊重，对生命的尊重以及对禅的感悟。而平日的茶道仪式里，焚香即起到了"除妄念"的作用，通过收敛心性，缓和气息，平心静气，使表演者及观赏者都能进入一种宁静祥和的心境；袅袅的轻烟与似有还无的香气也能为茶室营造一种肃穆的气氛。在这样内境与外境相契合的状态下，在一丝不苟的仪式中，泡茶者自然是能达到修身养性的追求，品茗者亦能通过品味每一款茶，品味人生中的苦涩甘甜种种不同滋味。

茶与香，可以归之为一个字——味。而茶道与香道的异曲同工之处，则均属"味道"。茶以口入身，身心同受，香以鼻入身，达身体经络。两者相伴，相得益彰之余又显得妙趣横生，既符合于道，又安养于心，更有利于身体的健康，此即为"焚香啜茗"完美的契合。

茶之为物，采自高山云雾中，吸收天地的灵气，还必须配上清洁的水冲泡。传统的熏香，同样采于深山，以馨悦的香气为使者，适时熏燃，能够改善空气、防疫、安神养心。

沉香的养生作用是针对身心同时进行的。它首先通过香的药性清除体内的浊气，使心灵的光芒由此得以释放，心灵得到滋养，心态平和、不急不躁，又能反过来调理身体。并且香品中某些药性具有扶正祛邪、助长正气的作用，使灵的力量不断增强，通过身心的相互作用来达到养生的目的。

泡上茶，焚上香，看着蒸汽腾空，冉冉而上，茶香四溢，馨香幽淡，沁人心脾，慢啜细饮，但觉齿颊留芳，妙趣横生；而香烟袅袅，缭绕四周，此情此景让人身心放松。

小试牛刀

请依据红茶冲泡流程，到茶艺室进行红茶冲泡练习。

身体力行

请进行品饮红茶茶艺的模拟导游讲解训练。

附评分标准：

导游讲解综合表现评分标准表

项目	分类	评分标准及要求	分值	自评	他评	导师评
语言与仪态（40）	语音语调	语音清晰，语速适中，节奏合理	10			
	表达能力	语言准确、规范；表达流畅、有条理；具有生动性和趣味性	10			
	仪容仪表	衣着打扮端庄整齐，言行举止大方得体，符合导游人员礼仪礼貌规范	10			
	言行举止	礼貌用语恰当，态度真诚友好，表情生动丰富，手势及其他身体语言应用适当与适度	10			
茶品讲解（60）	讲解内容	茶品信息正确、准确，要点明确，无明显错误	10			
	条理结构	条理清晰，详略得当，主题突出	10			
	文化内涵	具有一定的文化内涵，能体现物境、情境和意境的统一	20			
	讲解技巧	能使用恰当的讲解技巧，讲解通俗易懂，富有感染力	10			
	导游词编写	规范且有一定特色	10			
总分			100			
收获感悟						

课外拓展

1. 在红茶的冲泡程序中，_____、_____ 和 _____ 是冲泡技巧中的三个基本要素。

2. "_____"，实则是表达喝茶人想让添水。

3. 红茶进行冲泡一般水温控制在 _____ 以上为宜，冲泡时间看茶叶大小冲 _____ 分钟左右。

4. 红茶的冲泡手法中 _____ 最是小巧方便。

5. 平日的茶道仪式演示中，_____ 都是第一道程序。

项目五　走进丽水乌龙茶（青茶）

任务一　知乌龙茶（青茶）之源

 学习目标

1. 乌龙茶的工艺与品质特点。
2. 乌龙茶名品的模拟讲解。

趣闻轶事

乌龙茶被称为青茶，是一种半发酵茶。作为中国茶的一种代表茶，流传了不少乌龙茶的故事。

相传，在很久以前有一位龙宫的太子，因触犯天条被贬到下界，发配到一个名叫乌龙潭的小地方任职。有一年，在乌龙潭这个地方突然出现了一场大旱，乌龙潭的水也要干涸了，乌龙潭的龙太子奄奄一息。恰好有一个美丽的姑娘路过乌龙潭，把已经奄奄一息的龙太子救了过来。可是过了不久，这个地方发生了瘟疫，那位姑娘以及村民因为染上了瘟疫而病倒，龙太子为了救活他们，不顾自己的性命，吐出的龙珠，化为茶树，茶叶救活了姑娘和村民。人们为了表示对龙太子的尊敬称他为乌龙太子，所变的茶叶自然也被称为乌龙茶，乌龙茶的故事就这样传开了。乌龙茶也在人们的口中越传越广，流传至今。

任务描述

一天，十位福建客人在瓯江发源地——龙渊峡游览结束，来到我们的茶馆，想要品尝浙江的茶。茶艺师详细介绍了几种龙泉茶品的特点，供客人选择品饮。

任务知识

乌龙茶是一种半发酵茶，色泽青褐如铁，亦称青茶，是中国几大茶类中，独具鲜明特色的茶叶品类。乌龙茶品种花色很多，许多是以茶树品种为名。它主产于福建、广东、台湾等省，产地不同，品质稍有差别，因此乌龙茶可分为闽北乌龙茶、闽南乌龙茶、广东乌龙茶和台湾乌龙茶四类（见图5.1）。乌龙茶的药理作用突出表现在分解脂肪、减肥健美等方面。在日本被称之为"美容茶""健美茶"。

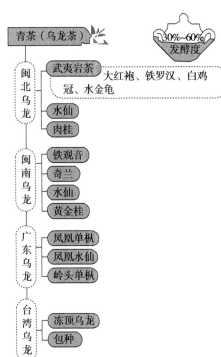

图 5.1 乌龙茶（青茶）的种类

一、乌龙茶（青茶）的工艺

乌龙茶的制造工序概括起来可分为：萎凋—做青—炒青—揉捻—干燥。其中做青是形成乌龙茶特有品质特征的关键工序，是奠定乌龙茶香气和滋味的基础。

1. 萎凋

萎凋即乌龙茶区所指的凉青、晒青。通过萎凋散发部分水分，提高叶子韧性，便于进行后续工序；同时伴随着失水过程，酶的活性增强，散发部分青草气，利于香气透露。

乌龙茶萎凋有别于制造红茶的萎凋。红茶萎凋不仅失水程度大，而且萎凋、揉捻、发酵工序分开进行；乌龙茶的萎洞和发酵工序不分开，两者相互配合进行。通过萎洞，以水分的变化，控制叶片内物质适度转化，达到适宜的发酵程度。萎洞方法有四种：凉青（室内自然萎洞）、晒青（日光萎洞）、烘青（加温萎洞）、人控条件萎洞。

2. 做青

做青是乌龙茶制作的重要工序，特殊的香气和绿叶红镶边就是做青中形成的。萎洞后的茶叶置于摇青机中摇动，叶片互相碰撞，擦伤叶缘细胞，从而促进酶促氧化作用。摇动后，叶片由软变硬。再静置一段时间，氧化作用相对减缓，使叶柄叶脉中的水分慢慢扩散至叶片，此时鲜叶又逐渐膨胀，恢复弹性，叶子变软。经过如此有规律的动与静的过程，茶叶发生了一系列生物化学变化。叶缘细胞的破坏，发生轻度氧化，叶片边缘呈现红色。叶片中央部分，叶色由暗绿转变为黄绿，即所谓的"绿叶红镶边"；同时水分的蒸发和运转，有利于香气、滋味的形成。

3. 炒青

乌龙茶的内质已在做青阶段基本形成，炒青是承上启下的转折工序。它像绿茶的杀青一样，主要是抑制鲜叶中的酶的活性，控制氧化进程，防止叶子继续红变，固定做青形成的品质。低沸点青草气挥发和转化，形成馥郁的茶香。同时湿热作用破坏部分叶绿素，使叶片黄绿而亮。此外，还可挥发一部分水分，使叶子柔软，便于揉捻。

4. 揉捻

揉捻是塑造外形的一道工序。通过利用外力作用，使叶片揉破变轻，卷转成条，体积缩小，且便于冲泡。同时部分茶汁挤溢附着在叶表面，对提高茶滋味浓度也有重要作用。

5. 干燥

干燥可抑制酶性氧化，蒸发水分和软化叶子，并起热化作用，去除茶叶中多余的水分和苦涩味，使味道更加醇厚。

二、乌龙茶（青茶）的品质特点

典型的乌龙茶叶体中间呈绿色，边缘呈红色，素有"绿叶红镶边"的美称。其采制特点是：采摘标准要等到顶芽已经展开，即将形成驻芽时开采。鲜叶先经晒青和摇青，促使其发酵后，再用高温杀青，破坏酶活性，然后进行揉捻、干燥。乌龙茶综合了绿茶和红茶的制法，其品质介于绿茶和红茶之间，既有红茶浓鲜味，又有绿茶清芬香；外形卷曲呈半球形，色泽墨绿油润；冲泡后汤色黄绿明亮，香气高，有花香略带焦糖香，滋味甘醇浓厚，耐冲泡。

三、乌龙茶（青茶）的名品

1. 大红袍

大红袍系武夷岩茶中的上品代表，有"乌龙茶圣"之称。茶树长在武夷山天心岩九龙窠的岩壁上。此处地势十分险峻，岩壁上刻有"大红袍"三个字。这里共有六丛茶树，年产不足一斤的成品茶，自然价格不菲。该产地气候温和，冬暖夏凉，年平均气温在 18 ～ 18.5℃之间；雨量充沛，年降雨量 2000毫米左右。山峰岩壑之间，有幽涧流泉，山间常年云雾弥漫，年平均相对湿度在 80% 左右。茶园大部分在岩壑幽涧之中，四周皆有山峦为屏障，日照较短，更无风害。

大红袍既是茶树名，也是茶名。茶分特级、一级和二级。其发酵程度比铁观音深，干茶、茶汤香气、味道接近红茶。其品质特征为特级外形紧结、壮实、稍扭曲，色泽带宝色或油润；香气锐、浓长，滋味醇厚、岩韵明显、回味干爽；汤色深橙黄；叶底软亮匀齐，边红或带朱砂色。大红袍品质最突出之处是香气馥郁有兰花香，香高而持久，"岩韵"明显。大红袍很耐冲泡，冲泡七八次仍有香味。品饮"大红袍"茶，必须按"工夫茶"小壶小杯细品慢饮的程式，才能真正品尝到岩茶之巅的禅茶韵味。品饮时注意茶的活、甘、清、香的特点。品尝大红袍一定要采用工夫茶冲泡方法，这样才能让品著者体会到岩茶上品口感。大红袍茶有杀菌消炎、消食去腻、防癌、抗氧化、美容去脂的功效。

大红袍的采摘与一般红绿茶不同，其鲜叶采摘标准为新梢芽叶生育较成熟（开面三四叶），无叶面水、无破损、新鲜、均匀一致。鲜叶不可过嫩，过嫩则成茶香气低、味苦涩；也不可过老，过老则滋味淡薄，香气粗劣。而且应尽量避免在雨天采或带露水采；不同品种、不同岩别、山阳山阴及干湿不同的茶青，不得混淆。

大红袍根据品质可划分为三等。①特级大红袍。春季采制的大红袍为级别最好的。春茶期间一般无病虫危害，无须使用农药，茶叶无污染，因此，春茶，特别是早期的春茶，往往是一年中茶品质最佳的。所以，众多顶级名茶均出自春茶前期。②一级大红袍。夏季采制的大红袍由于采制时正逢炎热季节，虽然茶树新梢生长迅速，有"茶到立夏一夜粗"之说，很容易老化。茶叶中的氨基酸、维生素的含量明显减少，使得夏茶滋味不及春茶鲜爽，香气不及春茶浓烈。夏茶中花青素、咖啡因、茶多酚含量的增加，从而使滋味稍微苦涩，品质稍逊于特级大红袍。③二级大红袍。秋季气候介于春夏之间，在秋茶后期，气候虽较为温和，但雨量往往不足，会使采制的大红袍茶叶显得较为枯老。特别是茶树历经春茶和夏茶的采收，体内营养有所亏缺，因此，采制而成的茶叶，内含物质显得贫乏，在这种情况下，不但茶叶滋味淡薄，而且香气欠高，叶色较黄。所谓"要好吃，秋白露"，其实说的是茶叶"味道和淡"罢了。

大红袍得名由来

传说古时，有一穷秀才上京赶考，路过武夷山时，病倒在路上，幸被天心庙老方丈看见，泡了一碗茶给他喝，病就好了。后来秀才金榜题名，中了状元，还被招为驸马。一个春日，状元来到武夷山谢恩，在老方丈的陪同下，前呼后拥，到了九龙窠，但见峭壁上长着三株高大的茶树，枝叶繁茂，吐着一簇簇嫩芽，在阳光下闪着紫红色的光泽，煞是可爱。老方丈说，你犯鼓胀病，就是用这种茶叶泡茶治好。很早以前，每逢春日茶树发芽时，人们就鸣鼓召集群猴，穿上红衣裤，爬上绝壁采下茶叶，炒制后收藏，可以治百病。状元听了要求采制一盒进贡皇上。第二天，庙内烧香点烛、击鼓鸣钟，招来大小和尚，向九龙窠进发。众人来到茶树下焚香礼拜，齐声高喊"茶发芽！"然后采下芽叶，精工制作，装入锡盒。状元带了茶进京后，正遇皇后肚疼鼓胀，卧床不起。状元立即献茶让皇后服下，果然茶到病除。皇上大喜，将一件大红袍交给状元，让他代表自己去武夷山封赏。一路上礼炮轰响，火烛通明，到了九龙窠，状元命一樵夫爬上半山腰，将皇上赐的大红袍披在茶树上，以示皇恩。说也奇怪，等掀开大红袍时，三株茶树的芽叶在阳光下闪出红光，众人说这是大红袍染红的。后来，人们就把这三株茶树叫作"大红袍"了。有人还在石壁上刻了"大红袍"三个大字。从此大红袍就成了贡茶。

2. 安溪铁观音

铁观音既是茶名，又是茶树品种名。铁观音原产于福建安溪县，属乌龙茶之极品。因成茶沉似铁，茶香浓郁，制茶人疑为观音所赐，故名。安溪在唐代时便已产茶，明代稍盛。铁观音于乾隆初年创制，至今有 200 余年历史。相传，西坪尧阳岩（系西坪镇南岩村）仕人王士仕，在清朝乾隆元年（1736）春，与诸友会于南轩，见南轩之旁层石荒园间有茶树与众不同，就移植在南轩之圃，悉心培育，采制成品，气味芬芳。乾隆六年，王奉召赴京，以此茶馈赠侍郎方望溪，方转献内庭。深谙茶道的乾隆皇帝饮后大悦，以其茶乌润结实，沉重似"铁"，味香形美，犹如"观音"，赐名为"铁观音"。

安溪铁观音主产区在西部的"内安溪"。这里群山环抱，峰峦绵延，云雾缭绕，年平均气温 15 ~ 18℃，无霜期 260 ~ 324 天，年降雨量 1700 ~ 1900 毫米，相对湿度 78% 以上，有"四季有花常见雨，一冬无雪却闻雷"之谚。土质大部分为酸性红壤，pH 值 4.5 ~ 5.6，土层深厚，特别适宜茶树生长。

铁观音鲜叶深绿润泽肥厚，采摘标准要比武夷岩茶原料稍嫩，一般采摘成熟的一芽二三叶或少数一芽四叶（二叶 50%，三叶 35%，四叶 15%）。春茶谷雨开采，夏茶夏至后开采，暑茶立秋前后开采，秋茶秋分后开采。其中，以春茶最好；秋茶次之，香气特高，俗称秋香，但汤味较薄；夏茶、暑茶品质再次之。品质随时间渐降。一天之中，以午青最佳，晚青次之，早青较差。一般掌握在小至中开面为佳。

铁观音最核心特征是干茶沉重，色墨绿；茶汤香韵明显，极有层次和厚度；叶底肥厚软亮；外形条索肥壮、圆整呈蜻蜓头、沉重，枝心硬，枝头皮整齐，叶大部分向叶背卷曲，多呈螺旋形，色泽乌黑油润，砂绿明显（新工艺中，清香型铁观音红镶边大多已经去除，不很明显），间有红点，青蒂绿腹，状似蜻蜓头，有"蜻蜓头、螺旋体、青蛙腿"的称谓。其香气浓郁持久，带有兰花香或者生花生仁香、椰香等各种清香味；茶汤金黄、橙黄，滋味醇厚甘鲜，稍带蜜味，鲜爽回甘。铁观音的品饮，沿袭传统的"工夫茶"方式，陶制小壶冲泡，小杯品饮，异香扑鼻，回甘隽永，极致享受。其具有抗衰老、抗癌症、抗动脉硬化、降低血糖、健美、防龋齿、杀菌止痢、清热降火、提神益思、醒酒敌烟等作用。

铁 观 音 的 传 说

铁观音原产安溪县西坪镇，已有 200 多年的历史。关于铁观音品种的由来，在安溪还流传着这样一个故事。相传，清乾隆年间，安溪西坪上尧茶农魏饮制得一手好茶。他每日晨昏泡茶三杯供奉观音菩萨，十年从不间断，可见礼佛之诚。一夜，魏饮梦见山崖上有一株透发兰花香味的茶树，正想采摘时，一阵狗吠把好梦惊醒。第二天果然在崖石上发现了一株与梦中一模一样的茶树。于是采下一些芽叶，带回家中，精心制作。饮后只觉茶味甘醇鲜爽，精神为之一振。他认为这是茶之王，就把这株茶挖回家进行繁殖。几年之后，茶树长得枝叶茂盛。因为此茶美如观音重如铁，又是观音托梦所获，就叫它"铁观音"。从此铁观音就名扬天下。

3. 黄金桂

黄金桂，又称黄棪（旦），产于福建省安溪县虎邱镇美庄村灶坑（原称西坪区罗岩乡）。此处为丘陵地带，山清水秀，属亚热带气候，四季分明，海拔 600 米有茶园 5000 亩。其于清咸丰年间（1850 ~ 1860）创制，是乌龙茶中风格有别于铁观音的又一极品，在现有乌龙茶品种中是发芽最早的一种。制成的乌龙茶，香气特别高，所以在产区被称为"清明茶""透天香"。黄金桂是以黄旦品种茶树嫩梢制成的乌龙茶，因其汤色金黄有奇香似桂花，故名黄金桂。叶为椭圆形，先端小，叶片薄，发芽率高，芽头密，嫩芽黄绿，毫少。在青茶类中，黄金桂具有"一香二早"的特点。"一香"是指滋味清醇细长，鲜爽感特别强烈，且回甘快，桂花香明显。"二早"是指茶叶萌芽早、采制上市早。一般说来，每年 4 月 10 日左右为黄金桂春茶采摘时间，要比铁观音提前近一个月。黄金桂茶叶以春、冬两季的为最好，因为此时天气比较冷、光照时间充足，空气干燥，茶叶的水分、受光照时间刚刚好，茶叶耐泡，口感上佳。采摘标准为：新梢伸育形成驻芽后，顶叶呈小开面或中开面时采下二三叶。过嫩成茶香低味苦涩，过老则味淡薄，香粗次。其他与铁观音采摘要求相同，以午后 2 ～ 4 时采的采料为最佳。

黄金桂叶片很薄，叶片未采摘时颜色就已经偏黄。外形条索细长尖如梭且较松，体态较飘，不沉重，叶梗细小，色泽呈黄楠色、翠黄色或黄绿色，有光泽，有"黄、薄、细"之称。茶汤色金黄明亮或浅黄明澈；香气特高，芬芳优雅，常带有水蜜桃或者梨香，滋味醇细鲜爽，有回甘，适口提神，素有"香、奇、鲜"之说。叶底中间黄绿，边缘朱红，柔软明亮。素以"一闻香气而知黄旦"著称，古有"未尝天真味，先闻透天香"之誉。叶片先端稍突，呈狭长形，主脉浮现，叶片较薄，叶缘锯齿较浅。其最核心特征是：干茶比较轻；传统黄金桂的茶汤有水蜜桃香味；叶底叶片薄，呈狭长形。

黄金桂得名由来

相传清咸丰十年（1860）安溪县罗岩灶坑（今虎丘镇集美庄村），有位青年名叫林梓琴，娶西坪珠洋村一位名叫王淡的女子为妻。新婚后一个月，新娘子回到娘家，当地风俗称为"对月"。"对月"后返回夫家时，娘家要有一件"带青"礼物让新娘子带回栽种，以祝愿她像青苗一样"落地生根"，早日生儿育女，繁衍子孙。王淡临走时，母亲心想：女儿在娘家本是个心灵手巧的采茶女，嫁到夫家后无茶可采，"英雄无用武之地"，小日子也不好过，不如让她带回几株茶苗种植。于是便到屋角选上两株又绿又壮的茶苗，连土带根挖起，细心包扎好，系上红丝线，让女儿作为"带青"礼物带回灶坑。王淡回家后将茶苗种在屋子前面。夫妻两人每日悉心照料，两年后长得枝叶茂盛。奇怪的是，茶树清明时节刚过就芽叶长成，比当地其他茶树大约早一个季节。炒制时，房间里飘荡着阵阵清香。制好冲泡，茶水颜色淡黄，奇香扑鼻；入口一品，奇香似"桂"，甘鲜醇厚，舌底生津，余韵无穷。梓琴夫妻发现这茶奇特，就大量繁衍栽培，邻居也争相移植。这茶是王淡传来的，又茶汤金黄，闽南话"王"与"黄"，"淡"与"棪"语音相近，就把这些茶称为"黄棪茶"。原树至1967年已历百余年，2米多高，主干直径约9厘米，树冠1.6米。惜因盖房移植而枯死。

4. 凤凰单枞

凤凰单枞主要产于广东省潮州市凤凰山。该区濒临东海，气候温暖湿润，雨水充足。茶树均生长于海拔1000米以上的山区，终年云雾弥漫，空气湿润，昼夜温差大，年均气温在20℃左右，年降水量1800毫米左右，土壤肥沃深厚，含有丰富的有机物质和多种微量元素，有利于茶树的发育与形成茶多酚和芳香物质。凤凰山茶农，富有选种种植经验，现在尚存的3000余株单枞大茶树，树龄均在百年以上，性状奇特，品质优良，单株高大如榕，每株年产干茶10余千克。

凤凰单枞茶的制作程序，是从鲜叶采摘开始的。当新梢出现驻芽，一般采2～5叶。不能过嫩采摘，因鲜叶太嫩，其所含苦涩味物质多；也不能过老采摘，鲜叶粗老，叶细胞老化，纤维素多，制成干茶外形及滋味都差。所以，掌握芽叶生长的成熟度（嫩对夹叶），适时采摘。采摘时间要选择晴天下午1～4时。制单枞茶，鲜叶一定要经过晒青，晴天采摘有利于晒青。选择下午采摘，对鲜叶晒青的有利因素是：下午4时以后，阳光的漫射不强烈，可避免灼伤鲜叶；适宜鲜叶轻度萎凋，水分适度挥发，增进鲜叶有效成分。

凤凰单枞的历史悠久，有记录载的饮用历史超过700年。潮州的工夫茶所使用的茶叶基本上就是凤凰单枞。凤凰单枞的品种很多，观赏性强。其外形条索粗壮，匀整挺直，色泽黄褐，油润有光，并有朱砂红点（见图5.2）；冲泡清香持久，有独特的天然兰花香，滋味浓醇

图5.2 凤凰单枞茶

鲜爽，润喉回甘；汤色清澈黄亮，叶底边缘朱红，叶腹黄亮，素有"绿叶红镶边"之称。凤凰单枞的香型很多，比如有兰花香、桂花香、茉莉花香、蜜兰香等，所以凤凰单枞冲泡后第一时间就要闻香。其品质特佳，成茶素有"形美、色翠、香郁、味甘"四绝。

"宋茶"的传说

传说南宋末年宋帝赵昺，南逃路经乌岽山，口渴难忍，侍从知茶能解渴，便从山上采得新鲜茶叶，让昺帝嚼食。昺帝嚼后生津止渴，精神倍爽，赐名为"宋茶"，后人称"宋种"。其茶树原称乌嘴茶，生长在海拔 1000 米左右草坪地的石山间。后人慕帝王赐名"宋茶"，争相传种。"宋茶"来历，民间另一种传说为："赵昺路经乌岽山，口渴难忍，山民献红茵茶汤，昺饮后称赞是好茶"，因而得名"宋茶"。

5. 凤凰水仙

凤凰水仙，原产于广东省潮安县凤凰山区。凤凰山区位于潮安县东北部，东邻饶平，北连大埔，西界丰顺，四面青山环抱，海拔高度在 1100 米以上，最高的乌山高达 1498 米。属海洋性气候，年平均气温 17℃，最高 35℃，最低零下 2℃，霜期 20 ~ 30 天，气候温暖，雨量充沛，年降雨量为 1900 毫米左右，年平均雨天 140 天，相对湿度 80%，土质多为黄壤土，土层深厚，富含有机质，pH 值为 4.5 ~ 6，山高雾大，是茶叶的理想种植地。相传在南宋时期已有栽培。采摘标准为嫩梢形成驻芽后第一叶开展到中开面时为宜。鲜叶要有一定成熟度，按适中一片片采摘。亦要求"阳光太耀不采、清晨不采、沾雨水不采"三诀。过嫩，成茶苦涩，香不高；过老，茶味粗淡，不耐泡。采摘时间以午后为最好。

凤凰水仙属于有性繁殖，它是在多个变异的个体上选育出优良的单株，再无性繁殖后代，所以其后代品质特点差异很大，风格多样。而凤凰水仙也正是因此而按品质区分等级，依次是凤凰单枞、凤凰浪菜和凤凰水仙三个品级。采用水仙群体中经过选育繁殖的单丛茶树制作和优质产品属单丛级，较次为浪菜级，再次为水仙级。

凤凰水仙的条索较紧直细长，色泽青褐乌润，汤色澄明黄亮，碗内壁显金圈，滋味浓醇鲜爽，叶底匀齐，青叶镶红边。此外，凤凰水仙还具有独特的、持久香甜的果香味，清香型鲜灵度高锐，浓香型花蜜香浓厚。其泡茶方法也十分讲究，用特制精巧的宜兴小紫砂茶壶，用"若深珍藏"小瓷杯泡饮，茶多水少时间短。一泡闻其香，二泡尝其味，三泡饮其汤。饮后令人释躁平矜怡情悦性。

凤凰水仙的来历

说起它的来历，还有一段有趣的故事。宋朝时，皇帝赵昺南下潮汕。有一日，烈日高照，天气炎热，他们一行人马来到广东潮安的凤凰山上，这里方圆十里无人烟，古木参天，道路崎岖，轿不能抬，马不能骑，赵昺只好步行上山。刚走几步，大汗淋淋，口也渴起来了。命令侍从到处找水源，以泉水解渴。可是，侍从们找遍了每条山沟，也没有找到一口水。此时，皇帝已干得口冒青烟，没有办法，只好派人去找树叶解渴。这时，一个侍从发现一株高大的树上长着嫩黄色的芽尖，水灵灵的。他爬上树摘下一颗芽尖丢进嘴里嚼了起来，先苦而后甜，嚼着嚼着，口水也流出来了，喉不干，舌不燥。他连忙采下一大把，送到皇帝面前，并将刚才尝到的味道禀告皇上。赵昺口干得不假思索，连忙抓了几颗芽尖嚼起来，只觉开头有些苦味，慢慢地又有了一种清凉的甜味，不一会儿，口水也出来了，心情舒爽多了。原来这是一种茶树，长得枝繁叶茂，可10人上树采茶，一棵树能制干茶20斤。这种树因为是赵昺下旨种植，被后人称为宋茶。由于产在凤凰山，茶叶就被称为"凤凰单枞水仙茶"。

6.武夷肉桂

肉桂是一种茶树的品种，武夷肉桂，指的是"在武夷原产区种植的肉桂"。武夷山茶区，是一片兼有黄山怪石云海之奇和桂林山水之秀的山水胜境。三十六峰，九曲溪水迂回、环绕其间。山区平均海拔 650 米，有红色砂岩风化的土壤，土质疏松，腐殖含量高，酸度适宜，雨量充沛，山间云雾弥漫，气候温和，冬暖夏凉，岩泉终年滴流不绝。茶树即生长在山凹岩壑间，由于雾大，日照短，漫射光多。茶树叶质鲜嫩，含有较多的叶绿素。

武夷肉桂每年四月中旬茶芽萌发，五月上旬开采岩茶，在一般情况下，每年只采一季，以春茶为主。须选择晴天采茶，新梢伸育成驻芽顶叶中开面时，采摘二三叶，俗称"开面采"。肉桂外形条索匀整卷曲；色泽褐禄，油润有光；干茶嗅之有甜香，冲泡后之茶汤，特具奶油、花果、桂皮般的香气；入口醇厚回甘，咽后齿颊留香，茶汤橙黄清澈，叶底匀亮，呈淡绿底红镶边，冲泡六七次仍有"岩韵"的肉桂香。武夷肉桂的最大特点和优点，就是香气高锐，香型独特。根据《地理标志 武夷岩茶》国家标准（GB/T 18745），肉桂产品级别有特级、一级、二级。

武夷肉桂的由来

肉桂茶是属于清花果香的武夷岩茶，桂皮香明显，香气久泡仍存。关于肉桂的名字还有一则故事。清末建安县有一位才子名叫蒋蘅，他为武夷茶撰写了一篇传记《晚甘侯传》，是当时武夷山间最知名的茶人。一年初夏，蟠龙岩主从一株未命名的茶树上采了茶叶制成茶，请蒋蘅还有慧苑寺住持、马枕峰茶主一起命名。蒋蘅啜咽一口，顿觉香气辛锐，口齿清香。蒋蘅说："此茶有明显的肉桂香味，而且带有乳味，香气醇郁。"主人恭敬说："此茶还未定茶名，你品过许多武夷名茶，请给定个名。"蒋蘅说："这茶应以其品质命名，我看叫肉桂较为适合。"蟠龙岩主立即说："好，肉桂是名贵药材，以肉桂命名，显得此茶名贵。"

7. 闽北水仙

闽北水仙始于清道光年间，是闽北产量较大的优质产品。所用的水仙种，发源于福建建阳小湖乡大湖村的严义山祝仙洞。1929 年，《建瓯县志》载：
"查水仙茶出禾义里，大湖之大坪山，其他有严义山，山上有祝仙仙者，以味
似水仙花故名。"可见水仙的栽培历史在 130 年以上。闽北水仙始产于百余年
前闽北建阳县水吉乡大湖村带，现主产区为建瓯、建阳两市。地处武夷山脉的
东南坡，属亚热带海洋性季风气候区内的中亚热带暖区，温暖湿润。年均温度
17 ~ 19.5℃，年降雨量在 1596 ~ 1848 毫米，年平均日照量 1700 ~ 2000 小
时，四季分明，冬短夏长，秋温高于春温。境内峰峦起伏，森林密布，建溪、
富屯溪流贯其境。茶区土壤多数为红壤，海拔较高处也分布有黄壤和山地棕
壤，由于森林覆盖面大，土壤表层有机质较丰富。一般含量为 1% ~ 2%，pH
值 4.5 ~ 6.5. 矿质营养较多，土层较深厚，茶树生长条件得天独厚。茶叶按
"开面"采，顶芽开展时，采三四叶。正常年景分四季采摘，春茶（谷雨前后
二三天），夏茶（夏至前三四天）、秋茶（立秋前三四天）、露茶（寒露后）。每
季相隔约 50 天。

闽北水仙条索紧结沉重，色泽油润暗沙绿；香气浓郁，具兰花清香；滋
味醇厚回甘；汤色清澈橙黄；叶底厚软，呈"三红七绿"状。1915 年，在巴
拿马万国博览会上，福建省的闽北水仙、福安坦洋工夫茶等与国酒贵州茅台同
时荣获大会万国金奖。

闽 北 水 仙 的 由 来

闽北水仙，其得名亦有一段传说。清朝年间，有名福建人发现一
座寺庙旁边的大茶树，因为受到该寺庙土壁的压制而分出几条扭曲变
形的树干，那人觉得树干绕曲有趣，便挖出来带回家种植，培育出清
香的好茶。闽南话的"水"就是美，因此从美丽的仙山采得的茶，便
名为"水仙"，令人联想到早春开放的水仙花。

8. 冻顶乌龙茶

冻顶乌龙茶，产地为台湾鹿谷乡的冻顶山，茶区海拔约 600 ~ 1000 米，
被誉为台湾茶中之圣。它的鲜叶，采自种植于冻顶山的青心乌龙品种的茶树

上。该区域年均气温22℃，年降水量2200毫米，空气湿度较大，终年云雾笼罩。茶园为棕色高黏性土壤，杂有风化细软石，排、储水条件良好。每年采摘于4～5月和11～12月间，标准为一芽二叶。传说山上种茶，因雨多山高路滑，上山的茶农必须绷紧脚尖（冻脚尖）才能上山顶，故称此山为"冻顶"。冻顶山上栽种了青心乌龙茶等茶树良种，山高林密土质好，茶树生长茂盛。但冻顶乌龙茶的发酵程度很轻，约在20％～25％之间，属于轻度半发酵茶。

冻顶茶一年四季均可采摘，春茶采期从3月下旬至5月下旬；夏茶5月下旬至8月下旬；秋茶8月下旬至9月下旬；冬茶则在10月中旬至11月下旬。采摘未开展的一芽二三叶嫩梢。采摘时间每天上午10时至下午2时最佳，采后立即送工厂加工。鹿谷乡农会每年举办茶叶比赛，评选出特等（冠军茶）、头等、二等、三等、优良茶（五朵梅、四朵梅、三朵梅、二朵梅、一朵梅）等品级。

冻顶乌龙茶的特点为：茶叶成半球状，色泽墨绿，边缘隐隐金黄色；茶叶展开，外观有青蛙皮般灰白点，叶间卷曲成虾球状，叶片中间淡绿色，叶底边缘镶红边，称为"绿叶红镶边"；冲泡后，茶汤金黄，偏琥珀色，带熟果香或浓花香，味醇厚甘润，回甘十足，饮后杯底不留残渣，带明显焙火韵味。其茶品质，以春茶最好，香高味浓，色艳；秋茶次之；夏茶品质较差。

冻顶乌龙的前世

冻顶乌龙茶历史悠久，相传是清朝时由一个叫林凤池的人从福建武夷山传至台湾。林凤池是南投县鹿谷乡人，祖籍福建。他为人正直，且勤奋读书，是一个颇有抱负的年轻人，很得乡邻的称赞。这一年，福建举行科举考试，林凤池很想前往一试，施展自己的才华，但苦于家境贫寒，没有盘缠，无法成行。不久，乡邻们知道了这个消息，纷纷慷慨解囊，为林凤池提供路费，鼓励他去福建应试。临行之日，乡邻为他饯行，让他路上小心，无论考得上考不上，都要回家乡看望他们。林凤池十分感动，与大家洒泪而别，登上去福建的船只。果然，林凤池不负众望，中了举人并留在福建为官。他始终惦念着故乡的人和物。数年后，林凤池决定回台湾探亲，临行前与朋友共游武夷山，上得山来，但见武夷山水清秀，林木葱郁，很多茶树生长在岩石间。林凤池久闻武夷山盛产名茶，便向路边茶农询问，茶农告诉他："这种茶树上的茶叶可以制成乌龙茶，味道香醇，经常饮用还有提神明目等作用。"林凤池十分高兴，心中盘算如果将这种茶树带回台湾种植，也可回报乡邻的知遇之恩。林凤池便向当地茶农购买了36株茶苗，连带泥土一起带回了家乡。乡邻们再次见到林凤池，都十分高兴，纷纷围住嘘寒问暖。林凤池拿出茶苗，并告诉乡邻们种植之法。乡邻们更加高兴，因为这毕竟是来自祖籍的茶树苗。大家将茶苗种植到附近气候湿润且土质肥沃的冻顶山，精心培育，不久，茶苗长成茶树，繁茂、鲜嫩碧绿，十分可人。大家按照林凤池所授方法将茶叶采下，制成乌龙茶，冲泡后清香可口，醇和回甘。就这样，一代传一代，冻顶乌龙茶之名渐渐地传开了。据说后来林凤池将此茶上献给皇帝，皇帝品尝后连声称赞，冻顶乌龙茶便名扬四海，成为乌龙茶中之佼佼者。

9. 白毫乌龙

白毫乌龙为台湾乌龙茶中发酵程度最重的一种，发酵程度约为50%～60%。此茶以芽尖带白毫越多越高级，故名"白毫乌龙"。其茶树以不喷洒农药、全以人力手工、仅采摘其"一心二叶"闻名，以具有多量白毫芽尖者为极品，相当珍贵。全世界仅台湾省的新竹峨眉、北埔茶区及苗栗后龙、头屋、头份一带为产区，该产区层峦叠翠，山坡上栽植的茶树，经年受山光水气之熏陶，因而孕育出风味绝佳的椪风茶，最佳的采摘季节为5月中旬至6月中旬，即端午前后。

白毫乌龙的茶形比较特殊，不讲究条索，而是呈现出红、白、黄、绿、褐五色相间的外观，带有明显的白毫，颜色鲜艳者较佳；茶汤水色明亮艳丽成红色，闻之有天然熟果香芬芳怡人者为贵；茶汤入口滋味浓厚，甘醇而不生涩，圆滑润和，过喉徐徐生津，口中甘醇尚有回味者为上品。

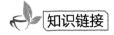知识链接

白毫乌龙的别称

白毫乌龙原称膨风茶（"膨风"是台湾俚语"吹牛"之意）。相传早期有一茶农因茶园受虫害侵蚀，不甘损失，乃挑至城中贩售，没想到竟因风味特殊而大受欢迎。回乡后向乡人提及此事，竟被指为吹牛，从此膨风茶之名不胫而走。又相传百年前，此地出产的茶叶受英国与日本皇室的钟爱。英商将膨风茶呈给英国女王品尝，女王为其独特茶香惊叹不已，又欣赏其外貌鲜艳可爱，宛如绝色佳人，且产地位于东方的福尔摩莎，乃命名东方美人茶。据说，若在膨风茶的茶汤内加一滴"白兰地酒"，风味更佳，又被称为"香槟乌龙"。

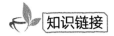知识链接

乌龙茶（青茶）与健康

乌龙茶和红茶、绿茶相比，除了能刺激胰脏脂肪分解酵素的活性，有效减少糖类和脂肪的吸收以外，还能让身体的产热量增多，充分促进脂肪燃烧。除了减肥之外，乌龙茶还能让人摆脱"三高"的纠缠。那么乌龙茶怎么喝更减肥呢？

喝乌龙茶最好喝热茶，不要加糖。而且，不要饭后马上喝，隔1小时左右比较恰当。喝茶也要看个人体质，如果喝茶后感到不舒服，像胃痛或睡不着觉，最好还是适可而止。泡好的茶要在 30~60 分钟内喝掉，否则茶里的营养成分会被氧化。当食物太油腻时，最好也能够搭配乌龙茶，不但有饱腹感，还可以去除油腻。一般一天的用量是 1 升热水泡 10 克茶叶，一次一杯约 100 克茶水，分 10 杯喝，这样每天坚持下去。

乌龙茶要注意不能空腹饮，否则会感到饥肠辘辘，甚至会头晕眼

花，翻肚欲吐，即俗称的"茶醉"；睡前不能饮，否则会使人难以入睡；冷茶不能饮，乌龙茶冷后性寒，对胃不利。乌龙茶所含茶多酚及咖啡因较其他茶多，品饮不当易伤害身体。所以想要利用乌龙茶减肥者还需要慎重，不要想立竿见影而随意增加用量。要知道，喝得太多、瘦得太厉害，反而会损害身体健康。

 小试牛刀

请查找资料，写一篇介绍大红袍或安溪铁观音的导游词。导游词可包含茶叶的发展历史、生长环境、品质特征、加工工艺、主要功效、品茗指南、等级标准、储存方法等内容。

身体力行

模拟导游讲解训练——请介绍大红袍或安溪铁观音。

附评分标准：

导游讲解综合表现评分标准表

项目	分类	评分标准及要求	分值	自评	他评	导师评
语言与仪态（40）	语音语调	语音清晰，语速适中，节奏合理	10			
	表达能力	语言准确、规范；表达流畅、有条理；具有生动性和趣味性	10			
	仪容仪表	衣着打扮端庄整齐，言行举止大方得体，符合导游人员礼仪礼貌规范	10			
	言行举止	礼貌用语恰当，态度真诚友好，表情生动丰富，手势及其他身体语言应用适当与适度	10			
茶品讲解（60）	讲解内容	茶品信息正确、准确，要点明确，无明显错误	10			
	条理结构	条理清晰，详略得当，主题突出	10			
	文化内涵	具有一定的文化内涵，能体现物境、情境和意境的统一	20			
	讲解技巧	能使用恰当的讲解技巧，讲解通俗易懂，富有感染力	10			
	导游词编写	规范且有一定特色	10			
总分			100			
收获感悟						

课外拓展

1.乌龙茶的制造工序概括起来可分为：_____、_____、_____、_____、_____。

2.乌龙茶是一种 _____ 茶，色泽青褐如铁，亦称 _____，是中国几大茶类中，独具鲜明特色的茶叶品类。

3.乌龙茶主产 _____、广东、台湾等省，产地不同，品质稍有差别，因此乌龙茶可分为 _____、_____、广东乌龙茶和台湾乌龙茶四类。

4.典型的乌龙茶叶体中间呈绿色，边缘呈红色，素有"_____"的美称。

5._____ 是乌龙茶制作的重要工序，特殊的香气和绿叶红镶边就是该工序中形成的。

任务二 说丽水乌龙茶（青茶）

 学习目标

1. 丽水乌龙茶的茶园和品质特点。
2. 丽水乌龙茶名品的模拟讲解。

趣闻轶事

> 龙泉作为青瓷之都，青瓷生产始于三国两晋，盛于宋元，为全国五大名窑之一，其产品"清澈如秋空、宁静似深海"，精美绝伦。2006年，"龙泉青瓷烧制技艺"被列入国家级首批非物质文化遗产代表作名录。青瓷茶具是龙泉青瓷发展的重点。茶圣陆羽尤为推崇青瓷器具。龙泉哥窑青瓷茶具于16世纪首次远销欧洲市场，立即引起西方民众的极大兴趣。唐代顾况《茶赋》云："舒铁如金之鼎，越泥似玉之瓯"；皮日休《茶中杂咏·茶瓯》诗有"邢客与越人，皆能造瓷器。圆似月魂堕，轻如云魄起"之说；韩偓《横塘诗》则云"越瓯犀液发茶香"。这些诗都赞扬了翠玉般的龙泉青瓷茶具的美。
>
> 2007年，龙泉市提出了"以瓷带茶、以茶促瓷、茶瓷互动"的发展战略，将"龙泉金观音"与青瓷茶具的发展有机结合起来，相继推出了具有浓郁龙泉特色的产品包装、"金观音"茶具等；同时龙泉以"瓯江源头水，江浙顶峰茶，千年龙泉瓷"为主题，通过"水、茶、瓷"的有机融合，充分展示龙泉的生态、文化和茶叶品质优势，拓展龙泉优质生态茶叶市场。中国国际茶文化研究会顾问杨招棣有诗曰："青瓷千载称奇珍，剑气东南耀入云，更有崖茶幽韵远，品茗

最是金观音"；浙江省诗词学会戴盟会长则赞金观音："千载青瓷喜有伴，茗门新秀一枝花"。这些都道出了浙南山城龙泉的特色，也让"龙泉金观音"插上了腾飞的翅膀。

任务描述

几位福建客人在品饮了几种茶后，对丽水乌龙茶的生产地和名品特别感兴趣，想找一找与福建乌龙茶的区别。同学们也一起来找一找吧。

任务知识

一、走进丽水金观音茶园

龙泉山国家级自然保护区内的兰巨乡官浦垟村，满目翠色的茶园层层铺开，一眼望不到边。该地为典型中亚热带湿润季风气候，森林覆盖率达84.2%，是茶树的最适生长区。

官浦垟村80%以上的农户种植"龙泉金观音"，种植面积近千亩。种茶是该村家庭收入主要来源。依托金观音茶叶种植，全村每年仅卖茶青收入就可达上百万元。龙泉金观音特色茶依托于这种优越的生态环境生长，形成了其独特的高海拔山地生态茶优异品质——香高、味醇，这种品质是其他茶不能复制、不可比拟的。兰巨乡官浦垟村、竹垟乡红坞村、际上村等发展金观音茶园面积达3000多亩，已形成特色茶发展专业村。

二、丽水乌龙茶的品质特点

素有"天然氧吧"之称的龙泉，是国家级生态示范区，空气中含有大量负氧离子，并且龙泉昼夜温差大的特点利于茶叶中有机物的沉积，使之品质更高。丽水乌龙茶外形圆结重实，颗粒匀整饱满，色泽砂绿油润，神似蜻蜓头，独具"活、甘、清、香"特色，馥郁鲜爽，浓醇清活，生津回甘，虽浓饮却不见苦涩；沁人心脾，胜似兰花郁香而深沉持久。

三、丽水乌龙茶的名品

1. 龙泉金观音乌龙茶

龙泉金观音，产自国家级自然保护区——"华东古老植物摇篮"龙泉凤阳山北麓，来自云雾缭绕的天然生态茶山种植基地的茶嫩梢。产地峰峦叠翠，谷幽泉清，茂林浓荫，腐殖深厚，重云积雾，品质浑然天成。中国国际茶文化研究会隆重授予龙泉市为"中国茶文化之乡"，龙泉金观音为"中华文化名茶"称号。

龙泉产茶历史悠久，史载龙泉在三国时即已产茶。据《季氏宗谱》记载，五代十国时，龙泉人季大蕴曾赴闽地武夷山引茶，并建盘茶王殿，以供茶圣陆羽像。他死后因广为传授种茶技术被吴越王钱氏封为农师，后人为纪念他引茶、传茶和种茶的功绩，在盘茶王殿陆羽像旁塑上了大蕴像。据《龙泉县志》记载，明成化年间岁贡"芽茶四斤"。清代张竹楠《梅簃随笔》载："龙泉西南二乡，产云雾芽茶，每岁清明后谷雨前，县令发价采办，额定贡茶二十四斤，色味双绝……。"清代诗人林撝在《茶厂谣》一诗中写道："龙泉邑大二百里，邑里山山有茶树。"后虽连片茶山毁于战火，但在山坡上依然保存了一些水仙品种，为处属名茶，农家历来有研制乌龙茶自用之习。1942～1945年，中国茶叶公司浙江分公司迁龙泉，在离城4里的黄罐村设立茶厂，收购青叶制作珠茶和少量的水仙品种乌龙茶。

金观音系由铁观音与黄金桂人工杂交选育的品种。龙泉于2004年从福建引入金观音品种在龙泉试种，并在浙江大学茶学系汤一副教授的指导下，试制出了品质上乘的金观音茶；2006年"龙泉金观音"茶通过了浙江省科技厅新产品鉴定，成为浙江乃至长三角地区第一只乌龙茶新品；2007年12月龙泉市在杭州成功举办了自新中国成立以来规模最大的茶事活动——"2007浙江龙泉生态茶——迎新茶会"，主推金观音茶，受到了领导、专家、消费者的一致好评，被誉为是龙泉继龙泉青瓷、龙泉宝剑之后的"第三宝"；2008年，龙泉市"依托浙大、科技兴茶"，实施"绿茶、乌龙茶并举"的发展战略，全市有茶园面积2.82万亩，其中"金观音"特色茶面积3000余亩。

金观音由资深茶师按传统工艺纯手工制作，慢工出细活。本品条型肥壮紧密、色泽乌润，中度烘焙，有独特蜜香味，口感甘鲜醇厚（见图 5.3）。茶性温和，温胃健脾。香似兰花胜似兰花，品饮一杯，沁人心脾，齿颊留香。

图 5.3　金观音茶与茶汤

2. 佳琦乌龙茶

佳琦乌龙茶产于明山秀水之间——丽水海拔 1073 米的陈寮山。茶与青山为伴，以明月、清风、云雾为侣，得天地之精华，系纯天然生态之物。佳琦，佳者，美、好；琦者，美玉、珍奇。佳琦茶亦如同美玉，清雅明净，久驻芳香，永葆本色。

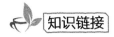知识链接

茶与挂画

中国的茶道，不仅能够修身养性、静心明目，如果再加入名家书画的陪衬，更是具有延年益寿的效果。来茶室品茶的人士，大都是文人墨客，具有很好的审美眼光。如果在茶室适当地悬挂名家仿古人物画，则可以为品茶者营造更好的饮茶气氛。

我们在茶室悬挂仿古人物画时，无论是主次搭配，色调照应，还是形式和内容的协调，都要有较高的文学素养和美学修养，否则很容易画蛇添足。下面为大家详细地介绍一下有关茶室挂书画的注意事项和技巧。

（1）注意挂仿古人物画的高度。挂幅仿古人物画是供人欣赏的，为了便于欣赏，画面中以离地2米为宜。工笔画可以适当低一些。若是画框，与背后墙面成15°到30°角为宜。

（2）注意采光。挂仿古人物画时应注意采光，特别是绘画作品，在向阳居室，花卉作品宜张挂在与窗户成直角的墙壁上，通常能得到最佳的观赏效果。

（3）注意位置的选择。仿古人物画的位置宜选在一进门时目光的第一个落点或者主墙面上，也可以选在泡茶台的前上方，或者主宾座席的正上方等明显之处。

（4）仿古人物画的色彩。仿古人物画的色彩要与室内的装修和陈设相协调。一般来说，内容要尽可能精练简素。此外，主题书画与陪衬点缀的书画，无论是内容还是装裱形式都要相得益彰。

（5）注意简素美。茶室之美，美在简素，美在高雅，张挂的仿古人物画宜少不宜多，应重点突出。当茶室不是很大时，一幅精心挑选的主题仿古人物画，再配一两幅陪衬就足够了。在茶室选择一些仿古人物画四条屏则更容易搭配。

想要让茶艺馆在装修风格上展现得更加高雅，装饰画作品的选择就应该以仿古人物画为主。

小试牛刀

请查找资料，编写一篇龙泉金观音的导游词。导游词可包含金观音的发展历史、生长环境、品质特征、加工工艺、主要功效、品茗指南、等级标准、储存方法等内容。

身体力行

模拟导游讲解训练——请介绍龙泉金观音。

附评分标准：

导游讲解综合表现评分标准表

项目	分类	评分标准及要求	分值	自评	他评	导师评
语言与仪态（40）	语音语调	语音清晰，语速适中，节奏合理	10			
	表达能力	语言准确、规范；表达流畅、有条理；具有生动性和趣味性	10			
	仪容仪表	衣着打扮端庄整齐，言行举止大方得体，符合导游人员礼仪礼貌规范	10			
	言行举止	礼貌用语恰当，态度真诚友好，表情生动丰富，手势及其他身体语言应用适当与适度	10			
茶品讲解（60）	讲解内容	茶品信息正确、准确，要点明确，无明显错误	10			
	条理结构	条理清晰，详略得当，主题突出	10			
	文化内涵	具有一定的文化内涵，能体现物境、情境和意境的统一	20			
	讲解技巧	能使用恰当的讲解技巧，讲解通俗易懂，富有感染力	10			
	导游词编写	规范且有一定特色	10			
总分			100			
收获感悟						

课外拓展

1. 龙泉作为青瓷之都，生产青瓷始于 _____，盛于 _____，为全国五大名窑之一。

2. 丽水乌龙茶外形圆结重实，颗粒匀整饱满，色泽 _____，神似蜻蜓头，独具"_____、_____、清、香"特色。

3. 丽水乌龙茶的名品有 _____、_____。

4. 茶圣陆羽尤为推崇 _____ 器具。

5. 茶室挂书画时要注意 _____、_____、_____、_____、_____。

任务三　识乌龙茶（青茶）之器

1. 泡乌龙茶的茶器。
2. 茶席设计的要点。

趣闻轶事

一个满怀失望的年轻人千里迢迢来到法门寺，对住持释圆和尚说："我一心一意要学丹青，但至今没有找到一个令我满意的老师。许多人都是徒有虚名，有的画技还不如我。"

释圆听了，淡淡一笑说："老僧虽然不懂丹青，但也颇爱收集一些名家精品。既然施主画技不比那些名家逊色，就烦请施主为老僧留下一幅墨宝吧。"

年轻人问："画什么呢？"释圆说："老僧最大的嗜好，就是爱品茗饮茶，尤其喜欢那些造型流畅古朴的茶具。施主可否为我画一个茶杯和茶壶？"年轻人听了，说："这还不容易。"于是铺开宣纸，寥寥数笔，就画成了一把倾斜的紫砂壶和一个造型典雅的茶杯。那水壶的壶嘴正徐徐吐出一脉茶水来，注入那茶杯中去。年轻人问："这幅画您满意吗？"

释圆微微一笑，摇了摇头，说："你画得是不错，只是将茶壶与茶杯的位置放错了，应该是茶杯在上，茶壶在下啊。"年轻人听了，笑道："大师为何如此糊涂？哪有茶杯往茶壶里注水的？"

释圆听了，说："原来你懂得这个道理啊！你渴望自己的杯子里能注入那些丹青高手的香茗，但你总是将自己的杯子放得比那些茶壶还要高，香茗怎么能注入你的杯子呢？涧谷把自己放低，才能得到一脉流水；人只有把自己放低，才能吸纳别人的智慧和经验。"

 **任务描述**

几位福建客人在金观音庄园游玩后，对青瓷茶器特别喜欢。除此之外，还有哪些茶器可以泡乌龙茶呢？请你为他们介绍一下吧。

 **任务知识**

乌龙茶（青茶）的茶器如表 5.1 所示。

表 5.1　乌龙茶（青茶）的茶器

茶具名称	图片
紫砂壶	
随手泡	
茶道组	
茶荷	

续表

茶具名称	图片
茶船	
茶罐	
茶巾	
茶海	
品茗杯	
闻香杯	

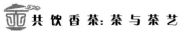

续表

茶具名称	图片
茶碟	
茶盂	
奉茶盘	

　　紫砂壶是中国特有的手工陶土工艺制品。其制造始于明朝正德年间，制作原料为紫砂泥，原产地是江苏宜兴丁蜀镇。在拍卖市场上，名家大师的紫砂壶作品往往一壶难求。正所谓"人间珠宝何足取，宜兴紫砂最要得"。紫砂壶造型数以千计，"方非一式，圆无一相"，可谓是工艺精湛，色泽纯朴。紫砂壶的大小胖瘦之别，与泡茶有密切关系。紫砂壶一般适合泡乌龙茶。紫砂茶具既重造型又重茶理，理趣共存（见图5.4）。

　　宜兴紫砂泥是如何被发现的呢？有一个美丽的传说：宜兴丁山（丁蜀镇）位于太湖之滨，是一个普通而美丽的小镇。传说很久以前，镇里的村民早出晚归，耕田做农活，闲暇时便

图5.4　紫砂茶具

用陶土制作日常生活用的碗、罐。就这样，他们过着无忧无虑而又简单平凡的生活。有一天，一个奇怪的僧人出现在他们的镇上。他边走边大声叫唤："富有的皇家土，富有的皇家土。"村民们都很好奇地看着这个奇怪的僧人。僧人发现了村民眼中的疑惑，便又说"不是皇家，就不能富有吗？"人们就更加疑惑了，直直地看着他走来走去。奇怪的僧人提高了嗓门，快步走了起来，就好像周围没有人一样。有一些有见识的长者，觉得他奇怪就跟着一起走，走着走着到了黄龙山和青龙山。突然间，僧人消失了。长者四处寻找，看到好几处新开口的洞穴，洞穴中有各种颜色的陶土。长者搬了一些彩色的陶土回家，敲打铸烧，神奇般地烧出了和以前不同颜色的陶器。一传十，十传百，就这样，紫砂陶艺慢慢形成了。

用紫砂壶泡茶，茶香浓郁持久。紫砂壶嘴小、盖严，壶的内壁较粗糙，能有效地防止香气过早散失。长久使用的紫砂茶壶，内壁会挂上一层棕红色茶锈，使用时间越长，茶锈积在内壁上越多，故冲泡茶叶后茶汤越加醇郁芳馨。长期使用的紫砂茶壶，即使不放茶，只倒入开水，仍茶香诱人，这是一般茶具达不到的。

紫砂茶基本上壶里外都不施釉，保持微小的气孔，透气性能好，但又不透水，并具有较强的吸附力，这是与一般茶壶的不同处。它能保持茶叶中的芳香油遇热挥发而形成的馨香，提高茶汤的晚期酸度，起到收敛和杀菌作用。故能稍微延缓茶水的霉败变馊，所谓"盛暑越宿不馊"，道理就在这里。

紫砂壶泡茶，保温时间长。壶壁内部存在着许多小气泡，气泡里又充满着不流动的空气，空气是热的不良导体，故紫砂壶有较好的保温性能。

茶席设计

茶席是泡茶和喝茶的平台。茶席设计，就是在特定空间形态中，以茶为灵魂，以茶为主体，与其他艺术形式相结合的茶道艺术组合。茶席设计包括：茶具摆放、茶具艺术、茶桌选择、配饰选择、环境布置等内容。

茶席设计首先要确定主题，才能有助于茶席各个部分之间的统一与协调。这个主题可以以季节为中心，如表现春天、夏天、秋天或冬天的一年四季的景致；以茶的种类为中心，如为武夷山大红袍设计茶席，或者为铁观音、红茶、普洱茶设计茶席；以节日为中心，为春节、中秋设计个茶席；以"空寂""清心"等为表现的主题；以茶事为主题，比如历史上发生的一些有趣有意义的事；以茶人为主题，比如和家人的天伦之乐，或和朋友的一份温馨友谊，你的某一种心情心绪，你对生活对人生的一种领悟，甚至是你的某种爱好等，都可成为布置茶席的主题。

席面布置时，桌布可选用布、绸、丝、缎、葛、竹草编织垫和布艺垫等；也可选用大自然的材料，如荷叶、沙石、落英等。桌布的色调通常奠定了整个茶席的主基调，所以要根据确定的主题来选，或淡雅，或浓烈，或厚重，或精致，或具有民族特色。

茶具也是每一个茶席上所必备的物品，同时也是茶席风格整体表现的一部分。根据茶席的主题选用合适的茶具，如果要表现春天的气息或绿茶的青草味，可以使用青瓷的茶具；如果要表现秋天的萧瑟或陈年普洱茶的沧桑，可以使用一套施以茶叶末釉色的手拉坯茶具；如要表现武夷山大红袍或者红茶，可以选用白色套杯。

茶席的配饰，选择的余地相当大，插花、香炉、盆景、工艺品、日用品等，如果运用得当的话，能够对主题起到画龙点睛的作用。一般来说，配饰的选用宜简不宜繁，在色系上可以选用同色系或互补色系的配饰；如果用跳跃或反差强烈色系的配饰虽然可能装饰效果好，但对布置者的美术要求比较高。

虽然茶席设计是在某个特定的环境中创造发自内心深处或概念性的经验，在内容关注、题材选择、艺术品位、文化指向、情感流向、价值定位、操作方法等方面，都呈现出多元复杂的状态。总体来看，茶席设计的固有特征并没有太多变化。

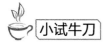 小试牛刀

请选择感兴趣的主题，进行茶席设计编写。茶席设计的要领：主题单一，印象明显；摆饰不求多；配乐寓意协调；不期表达太多哲理，等等。

身体力行

请以小组为单位，前往茶艺室动手设计一组茶席。

项目	分值	要求和评分标准	扣分标准	扣分	得分
茶席布置	5	茶器具之间功能协调，质地、形状、色彩协调	（1）茶具配套不齐全，或有多余的茶具，扣1分； （2）茶具色彩不够协调，扣1分； （3）茶具之间质地、形状大小不一致，扣2分		
（10分）	5	茶器具布置与排列有序、合理	（1）茶席布置不协调，扣1分； （2）茶具配套齐全，茶具、茶席不协调，欠艺术感，扣0.5分		

课外拓展

1. 紫砂壶 _____、_____，壶的内壁较粗糙，能有效地防止香气过早散失。

2. _____ 一般适合泡乌龙茶。

3. 紫砂壶基本上里外都不施釉，保持微小的气孔，_____，但又不透水，并具有较强的 _____，这是与一般茶壶的不同处。

4. 紫砂壶有较好的 _____ 性能。

5. 茶席设计包括：_____、_____、_____、_____、环境布置等内容。

任务四　习乌龙茶（青茶）之艺

 学习目标

1. 乌龙茶的冲泡流程和主要手法。
2. 乌龙茶品饮茶艺解说词。

趣闻轶事

李鸿章发达后，他的好几个侄儿找到他，希望他提携，捞个一官半职。

李鸿章对于满怀希望而来的侄儿们，以礼待之：先让丫鬟泡一壶茶端送给来客饮用，丫鬟站立一旁服侍续茶。李鸿章的侍茶丫鬟乃千里挑一：既要懂茶道内涵，又要遵循侍茶礼仪，还要长相出众。

这些饮茶青年中，数李博特别。丫鬟说："李大人吩咐贱人伺候小爷，奉茶一杯先饮用。李大人马上就到。"话音刚落，李博应答："茶乃地之灵，无高低贵贱，入杯饮用，尝东南西北。"丫鬟听后，微微一震，忙应答："一茶一世界。"李博答："一壶一乾坤。"丫鬟微笑说："茶苦嘴甜为哪般？"李博答："月稀星稠何为贵？"丫鬟听后，暗暗敬佩此人才思敏捷，志向高远。就这样，李博在一说一答氛围中品饮着这壶茶。

对于饮茶过程，李鸿章在暗处不动声色地观察。李鸿章在隔壁，有一"观'茶'洞"，很隐秘。李鸿章通过"洞眼"观看来客饮茶全过程。因为李鸿章多年在宦海浮沉，很少回老家，对于前来投靠的侄儿不太了解人品和气质。李鸿章特设"一壶茶"作为考核，通过饮茶过程来了解他们的行为习惯和言谈举止。前来投靠的侄儿中，有的贪

茶狂饮，不停如厕；有的呢，对丫鬟美色垂涎，动手动脚。只有李博对一壶茶的态度很明朗："跳出三界外，东西南北尽览；闯进四福内，礼贤亲善皆敬。"

只有李博的人品、学识、素养等李鸿章很欣赏，就留下他来，其余的侄儿都被婉言请退。

这件事引起了李鸿章其余侄儿的不满，他们拿着父亲写的信再次找李鸿章讨个说法。李鸿章微笑着听完侄儿们的"委屈"，开了口："当初来时，我让你们饮茶。其实，你们在饮茶的时候，壶虽然不说话，但也在品你们。如此而已……"

任务描述

几位云南客人在金观音庄园欣赏了茶艺师的表演后，迫不及待地想要学习乌龙茶的冲泡手法。请你帮一帮他们吧。

任务知识

一、乌龙茶（青茶）冲泡的三要素

1. 茶叶用量

我国乌龙茶品种丰富，茶叶外形差异较大，如凤凰水仙系的乌龙茶、武夷岩茶、台湾文山包种茶的茶叶呈粗壮的条索状，铁观音、本山、毛蟹等呈螺钉状，而台湾洞顶乌龙等呈外形紧结的半球状，因此投茶量也有所不同。一般冲泡乌龙茶，适宜使用江苏宜兴出产的紫砂壶，根据品茶人数选用大小适宜的壶，投茶量视乌龙茶的品种和形状而定，条形紧结的半球形乌龙茶用量以壶的二三成满即可；松散的条索形乌龙茶，用量以容器的八成满为宜。

2. 冲泡水温

当冲泡乌龙茶时，由于该茶所选用的原料是较成熟的芽叶，属半发酵茶，加之用茶量较大，所以须用100℃沸水直接冲泡。特别是为了避免温度降低，在泡茶前要用开水烫热茶具，冲泡后还要淋壶加温，这样才能将茶汁充分浸泡出来。

泡茶的水温，通常是指水烧沸后，再让其自然冷却至所需的温度，至于已经过人工处理的矿泉水或纯净水，只要烧到泡茶所需的水温即可。

3. 冲泡时间

如果冲泡的是乌龙茶，由于用茶量比较大，又经过"温润泡"，因此第一泡15秒左右即可将茶汤倒出，第二三泡时间在15～20秒之间，第四泡后每次可适当延长5秒，这样可使茶汤浓度不致相差太大。

二、乌龙茶（青茶）的冲泡流程

乌龙茶在冲泡上，是最为讲究、最复杂的。目前有关乌龙茶的冲泡方法，种类非常多。一般的乌龙茶冲泡程序如下所示。

（1）备具。最为基本的应备福建烹茶四尘：潮汕炉、玉书碨、孟臣罐、若琛瓯。

（2）备水。冲泡乌龙茶，需要用100℃的沸水来冲泡。沸水温度不够，用于冲泡乌龙茶劲力不足，泡出的茶香味不全。

（3）布具。在冲泡乌龙茶前，我们需要将相应的茶具按照一定的顺序摆放在茶桌上。

（4）翻杯。将品茗杯、闻香杯翻至正面朝上。

（5）赏茶。由茶罐直接将茶倒入茶荷（一种盛茶的专用器皿，类似小碟）。由专人奉至饮者面前，以供其观看茶形，闻取茶香。

（6）温壶。用开水洗净茶壶，一是清洁茶具，二是提高壶的温度，使茶香易释放出来。

（7）置茶。用茶匙拨取茶叶，一般为壶身的1/3至2/3。

（8）温润泡。用沸水高冲入紫砂壶，直至水满溢出，加盖后迅速将茶汤倒出。此茶汤不可饮用，可淋紫砂壶身，称养壶。

（9）冲泡。提沸水壶，将开水从较高位，按一定方向冲入壶中，使壶中茶叶按一定方向转动，直至开水溢出，并用壶盖刮去漂浮在茶汤表面的泡沫，使茶汤更为洁净。

（10）温品茗杯及闻香杯。持公道杯倒头泡汤入闻香杯，不做停顿来回浇注。然后左右手同时将闻香杯请在品茗杯上，大拇指、食指、中指轻拿闻香杯，在品茗杯中转动，然后换一个闻香杯，最后将品茗杯中的水倒掉，对向倾倒。

（11）倒茶分茶。把闻香茶杯紧靠在一起，用公道杯沿着这排闻香杯打转地注入茶水，这个动作是巡回的运动，喻之"关公巡城"，目的是要把茶水的分量和香味均匀地分配给多只杯子，以免厚此薄彼。后倾尽公道杯中茶汤，不留余汤在公道杯中，要点滴都分配到各杯，喻之"韩信点兵"。茶汤不宜斟过满，茶谚"茶七酒八"，过满会被视为欺客。

（12）奉茶。点茶后，各个茶杯的茶汤应在七八分满；双手有礼貌地奉给客人，供其品用。

（13）收具。将茶桌上的茶器具按顺序摆放在茶盘内收去。

三、乌龙茶（青茶）冲泡的主要手法

1. 大彬沐淋，乌龙入宫

明代制作紫砂壶的一代宗师大彬所制作的紫砂壶为历代茶人叹为观止，视为至宝，所以后人都把紫砂壶称为大彬壶。"大彬沐淋"就是洗壶和提高壶温度。"乌龙入宫"就是把乌龙茶叶放入紫砂壶内，"宫"是形容紫砂壶的重要性。

2. 涤茶留香，春风拂面

乌龙茶因为制作工艺比较复杂，"涤茶留香"是指用水洗涤一下茶叶，并能让茶叶吸收一定的水分，使茶叶处于一种含香欲放的状态。"春风拂面"指用壶盖刮去茶壶表面泛起的泡沫及茶叶，使壶内茶汤更加清澈洁净。

3. 乌龙出海，重洗仙颜

品工夫茶讲究"头泡水，二泡茶，三泡四泡是精华"的道理，头泡冲出的茶水一般不喝，注入茶海，因茶汤呈琥珀色，从壶口流向茶海就好似蛟龙入海

一样，故称为"乌龙入海"。

"重洗仙颜"是武夷九曲溪畔的"焉得虎子"摩崖石刻的喻义。第二次冲泡完加上壶盖后，还要用开水洗烫壶的表面，内外加温，有利于茶香的散发。

4.游山玩水，慈母哺子

紫砂壶泡好茶后，在茶巾上沾干壶底的残水，并把茶水注入公道杯内，此过程就叫"游山玩水，慈母哺子"。

5.祥龙行雨，凤凰点头

将公道杯中的茶汤快速均匀地依次注入闻香杯，称之为"祥龙行雨"，有"甘露普降"的吉祥之意。当公道杯中茶汤所剩不多时改为点斟，手法要求一高一低有节奏地点斟茶水，此法称之为"凤凰点头"。

6.龙凤呈祥，鲤鱼翻身

将刻有龙的品茗杯倒扣在刻有凤的闻香杯上，称之为"龙凤呈祥"，也称之为"夫妻和谐"；把扣好的品闻杯一并翻转过来，称之为"鲤鱼翻身"。中国古代神话传说"鲤鱼翻身"跃进龙门可化升天而去。我们借助这手法祝福嘉宾家庭和睦，事业发达。

7.捧杯敬茶，众手传盅

此时将龙凤杯双手捧奉给各位宾客，要求龙、凤正对客人，并从右到左依次奉上，表示对客人的尊敬。

8.鉴赏双色，喜闻茶香

把闻香杯倾斜45°提起，置于掌心迅速滚动，请客人闻杯中的茶香。随着品茗杯温度的升高，陶瓷制的乌龙图案就会变色，此时就会看见茶汤色和凤凰的变化，所以称之为"鉴赏双色"。

"喜闻茶香"是品茶之闻中的头一闻，即请客人闻一闻杯底留香。第一闻主要是闻茶香的纯度，看是否香，有无异味。

四、乌龙茶（青茶）品饮茶艺解说词

"香似兰花更胜兰，瓯青如玉不平凡。龙泉山清水秀地，引得观音恋此间。"

云雾高山出好茶。龙泉地处浙江省西南部，素有"天然氧吧"之称。得天独厚的生态环境，孕育出众多名茶，千姿百态，茗品卓著；茶艺文化，源远流长，蜚声中外。"龙泉金观音"产自"华东古老植物摇篮"的凤阳山北麓，产地重峦叠翠，谷幽泉清，茂林浓荫，腐殖深厚，重云积雾，品质浑然天成。"龙泉金观音"独具"活、甘、清、香"等特色，馥郁鲜爽，浓醇清活，生津回甘，虽浓饮却不见苦涩，活色生香，沁人心脾，胜似兰花香郁而深沉持久。

茶佳水好茶具美，似红花绿叶相映生辉。现在我为大家介绍一下今天冲泡乌龙茶所用的精美茶具：紫砂壶、茶海、品茗杯、闻香杯、茶盘、茶道、茶荷、茶巾。

1. 白鹤沐浴

"白鹤沐浴"，用高温的开水将茶具淋烫一遍，以提高茶具的温度（见图 5.4）。

茶是天地之灵物，茶之泡饮对器具也有讲究。今天使用的是江苏宜兴的紫砂壶。紫砂始于宋代，盛于明清，在清代被列为贡品。紫砂茶具质朴高雅，异彩纷呈，久用后的紫砂壶直接注入清水也能溢出茶香，有"此处无茶胜有茶"之感。

图 5.4　"白鹤沐浴"——淋烫茶具

2. "观音"初现

今天为大家冲泡的龙泉金观音乌龙茶，来自云雾缭绕的天然生态茶山。其外形圆结重实，颗粒匀整饱满，色泽砂绿油润，神似蜻蜓头，独具"活、甘、清、香"特色，沁人心脾，胜似兰花郁香而深沉持久。

3. 乌龙入宫

即将茶叶从茶荷拨入茶壶。斟酌茶叶的紧结程度，放入约占壶的 1/2 或1/3 的茶叶。

4. 壶中催香

茶叶投入茶壶后，盖上壶盖，前后摇晃数下，使干茶的香气更好地散发出来，我们称为壶中催香。

5. 碧洒流霞

唐诗中写道："只得流霞酒一杯，空中箫鼓几时回。"泡茶讲究高冲水低斟茶，所以冲水应提壶高冲。

6. 轻推花浮

用壶盖轻轻地刮去壶口的泡沫，称为轻推花浮，可以使茶更显清新明亮。

7. 祥龙行雨

将茶快速均匀的注入每个闻香杯内，好似祥龙行雨，甘霖普降。为了使每杯茶浓淡一致，倒茶时水速应不急不缓，如行云流水一般。

8. 凤凰点头

凤凰点头，壶中所留的茶汁是茶的精华，应用点斟的手法点入闻香杯内，这就好比凤凰点头向各位致意。

9. 龙凤呈祥

接下来我们将品茗杯倒扣在闻香杯上，也可称为"夫妻好合"。

10. 鲤鱼翻身

将扣合的杯子翻转过来称为鲤鱼翻身。中国古代神话传说，鲤鱼翻身跃龙门可化龙登天而去。在此我借助这道程序祝所有的朋友一切如意！

11. 淡闻兰香

宋代大文豪范仲淹曾有诗云："斗茶味分轻醍醐，斗茶香佤溥兰芷。"淡闻兰香，是请各位闻香。闻香时，用左手扶住品茗杯，右手轻轻将闻香杯旋转提起，双手合掌搓动闻香。

12. 静品香茗

静品香茗，一小杯茶分三口品饮，一品其香，二品其味，三品其回甘。有心泡好茶才能细心品茗，也唯有细心品茗才能得茶趣，有诗云："识得此中滋味，觅来天上清凉。"现在，请各位静下心来，慢慢品尝这茶中之趣吧！

俗话说："掘一把泥土，做一把好壶；舀一勺清水，煮一壶好茶。"今天各位有缘相聚在此，共饮一壶上好的茶汤。希望博大的茶文化能够为您洗去都市的尘埃，洗去生活中的烦恼，好茶自有好滋味，请您慢慢品饮。谢谢。

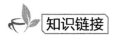 知识链接

品茶悟道

中国茶道吸收了儒、佛、道三家的思想精华。佛教强调"禅茶一味"，以茶助禅，以茶礼佛，在从茶中体味苦寂的同时，也在茶道中注入佛理禅机。这对茶人以茶道为修身养性的途径，借以达到明心见性的目的有好处。而道家的学说则为茶人的茶道注入了"天人合一"的哲学思想，树立了茶道的灵魂。同时，还提供了崇尚自然，崇尚朴素，崇尚真的美学理念和重生、贵生、养生的思想。

中国茶道强调"道法自然"，包含了物质、行为、精神三个层次。

物质方面，中国茶道认为，"茶是南方之嘉木"，是大自然恩赐的"珍木灵芽"，在种茶、采茶、制茶时必须顺应大自然的规律才能产出好茶。

行为方面，中国茶道讲究在茶事活动中，一切要以自然为美，以朴实为美，动则行云流水，静如山岳磐石，笑则如春花自开，言则如山泉吟诉，一举手，一投足，一颦一笑都应发自自然，任由心性，不造作。

精神方面，道法自然，返璞归真，表现为自己的心性得到完全解放，使自己的心境达到清静、恬淡、寂寞、无为，心灵随茶香弥漫，仿佛自己与宇宙融合，升华到"无我"的境界。

 小试牛刀

请前往茶艺室，进行乌龙茶（青茶）冲泡练习。

身体力行

请模拟进行丽水乌龙茶茶艺品饮导游讲解训练。

附评分标准：

导游讲解综合表现评分标准表

项目	分类	评分标准及要求	分值	自评	他评	导师评
语言与仪态（40）	语音语调	语音清晰，语速适中，节奏合理	10			
	表达能力	语言准确、规范；表达流畅、有条理；具有生动性和趣味性	10			
	仪容仪表	衣着打扮端庄整齐，言行举止大方得体，符合导游人员礼仪礼貌规范	10			
	言行举止	礼貌用语恰当，态度真诚友好，表情生动丰富，手势及其他身体语言应用适当与适度	10			
茶品讲解（60）	讲解内容	茶品信息正确、准确，要点明确，无明显错误	10			
	条理结构	条理清晰，详略得当，主题突出	10			
	文化内涵	具有一定的文化内涵，能体现物境、情境和意境的统一	20			
	讲解技巧	能使用恰当的讲解技巧，讲解通俗易懂，富有感染力	10			
	导游词编写	规范且有一定特色	10			
总分			100分			
收获感悟						

课外拓展

1. "乌龙入宫"就是把乌龙茶叶放入 _____ 内。

2. 乌龙茶须用 _____ 直接冲泡。

3. 福建烹茶四尘指的是 _____、_____、_____、_____。

4. 中国茶道吸收了 _____、_____、_____ 三家的思想精华。

5. 中国茶道强调"道法自然"，包含了 _____、_____、_____ 三个层次。

参考文献

［1］郑春英. 中华茶艺［M］. 北京：清华大学出版社，2017.

［2］刘海军. 茶艺入门教程［M］. 北京：中国书籍出版社，2013.

［3］金玟廷，郑美娘 龙春林. 茶与茶文化［M］. 南京：东南大学出版社，2012.

［4］姜文宏. 茶艺［M］. 北京：高等教育出版社，2010.

［5］江隆恒. 大红袍景区导游词［EB/OL］. (2013–08–22)［2018–11–06］. http：//www.
　　　docin.com/p–692664728.html.2013–08–22.

［6］正山堂. 金骏眉十八道茶艺你知道多少［EB/OL］. (2015–07–11)［2018–11–09］. http：
　　　//www.sohu.com/a/22285798_204288.2015–07–11.

［7］茶友解析：大吉岭红茶［EB/OL］. (2017–04–04)［2018–12–08］. http：//baijiahao.
　　　baidu.com/s?id=1563754766963968&wfr=spider&for=pc.2017–04–04.

［8］茶艺师教你如何冲泡乌龙茶［EB/OL］. (2016–09–25)［2018–12–08］. http：//www.
　　　sohu.com/a/115046867_441163.2016–09–25.

［9］乌龙茶冲泡技艺——壶盅双杯法［EB/OL］. http：//beckylian.blog.sohu.com/25292374.
　　　html.2016–12–15

［10］陈军如. 乌龙茶的品质特点与保健作用简述［J］. 贵州茶叶，2012，40（3）：17–19.

［11］王建荣. 中国名茶品鉴［M］. 济南：山东科学技术出版社，2005.

［12］贾红文，赵艳红. 茶文化概论与茶艺实训［M］. 北京：清华大学出版社，北京交通
　　　大学出版社，2010.

［13］饶雪梅，李俊. 茶艺服务实训教程［M］. 北京：科学出版社，2008.

［14］徐晓村. 中国茶文化［M］. 北京：中国农业大学出版社，2005.

［15］王岳飞，徐平. 茶文化与茶健康［M］. 北京：旅游教育出版社，2014.

［16］张星海. 茶艺传承与创新［M］. 北京：中国商务出版社，2017.

［17］阮浩耕，江万绪. 茶艺［M］. 杭州：浙江科学技术出版社，2005，

［18］彭丽亚. 中国茶分类图点［M］. 北京：化学工业出版社，2003.

［19］陈舒，雷光振. 景宁金奖惠明茶［M］. 杭州：浙江古籍出版社，2015.